# 检测技术与过程控制

主　编　方小菊　陈越华　黄永杰
副主编　刘东海　农钧麟　陈娇英
参　编　韦瑞录　曾　毅　梁宁初　李　辉
主　审　麦艳红

北京理工大学出版社
BEIJING INSTITUTE OF TECHNOLOGY PRESS

## 内 容 简 介

本书按照项目引领、创设学习情境的模式进行编写，主要内容包括：自动检测技术认知、生产过程控制规律及控制系统应用和典型复杂控制系统的应用 3 个学习项目，包含压力测量仪表的应用、常用控制规律的应用等 15 个学习情境；压力检测单元实训、温度检测单元实训等 6 个实训项目的 14 个实训案例。

本书主要作为高职高专院校自动化专业群里的电气自动化技术、机电一体化技术、生产过程自动化技术等专业的教材，同时还可作为相关工程技术人员的自学用书。

**图书在版编目（CIP）数据**

检测技术与过程控制／方小菊，陈越华，黄永杰主编 . —北京：北京理工大学出版社，2017.7（2022.7 重印）

ISBN 978 – 7 – 5682 – 4217 – 2

Ⅰ.①检⋯　Ⅱ.①方⋯ ②陈⋯ ③黄⋯　①技术测量 – 高等学校 – 教材②过程控制 – 高等学校 – 教材　Ⅳ.①TG806②TP273

中国版本图书馆 CIP 数据核字（2017）第 145217 号

出版发行／北京理工大学出版社有限责任公司

社　　址／北京市海淀区中关村南大街 5 号

邮　　编／100081

电　　话／（010）68914775（总编室）

　　　　　（010）82562903（教材售后服务热线）

　　　　　（010）68944723（其他图书服务热线）

网　　址／http：//www.bitpress.com.cn

经　　销／全国各地新华书店

印　　刷／北京虎彩文化传播有限公司

开　　本／787 毫米×1092 毫米　1/16

印　　张／14　　　　　　　　　　　　　　　　责任编辑／陈莉华

字　　数／330 千字　　　　　　　　　　　　　　文案编辑／陈莉华

版　　次／2017 年 7 月第 1 版　2022 年 7 月第 3 次印刷　　责任校对／孟祥敬

定　　价／36.00 元　　　　　　　　　　　　　　责任印制／李志强

# 前言
## Preface

随着我国经济的飞速发展，自动化技术已成为现代企业发展的基础和主导。企业设备更新、管理方式现代化、工艺流程自动化程度的不断提高，需要大量既具备自动化理论知识，又能进行自动化系统的安装、调试、故障排除及设备管理的技术技能型人才。同时，由于我国职业教育发展相对滞后，目前，社会和高职院校缺少有效地用于培养过程自动化系统设计、安装、调试和管理人才的高职高专课程及相配套的教材。

本书针对高等职业技术教育的特点，以国家示范性骨干建设院校中央财政支持重点建设电气自动化技术专业为切入点，借鉴先进的职业教育理念，基于工作过程系统化的检测与过程控制技术课程内容，以生产企业的自动化控制系统安装、调试、维修、管理等职业岗位工作过程为导向，从初级到高级，从简单到复杂开发出了一套具有鲜明专业特色、融入最新过程控制技术的课程和教材体系，对于培养满足企业岗位要求的自动化类专业人才具有十分重要的意义。

糖业是广西的支柱产业，本书内容融入蔗糖产业链，以蔗糖生产企业的自动化技术岗位的真实工作任务作为其中的拓展教学情境，企业自动化技术专家提供素材和真实案例，专任教师进行教材的组织和编写，将教育教学规律和企业真实工作过程有机结合起来。本书基于过程自动化系统、设备、工作任务的通用性，可适用于化工、食品加工、冶金等行业的自动化课程教学，具有广泛的适用性。

在本书的编写中，不仅充分考虑了完成自动化岗位所需要的职业能力，还充分结合学生的认知规律，将社会能力、方法能力的培养贯穿到职业能力的培养中，使学生具备可持续发展的能力。

参与本书编写、校对工作的有广西职业技术学院的方小菊、黄永杰、刘东海和农钧麟，广西师范学院陈越华，广西工业职业技术学院陈娇英，广西电力职业技术学院曾毅，广西机电职业技术学院韦瑞录，以及梁宁初和李辉等企业技术人员。全书由广西职业技术学院方小菊主编，南宁职业技术学院麦艳红教授主审。

编　者

# 目录 Contents

## 学 习 项 目

## 实 训 项 目

# 学 习 项 目

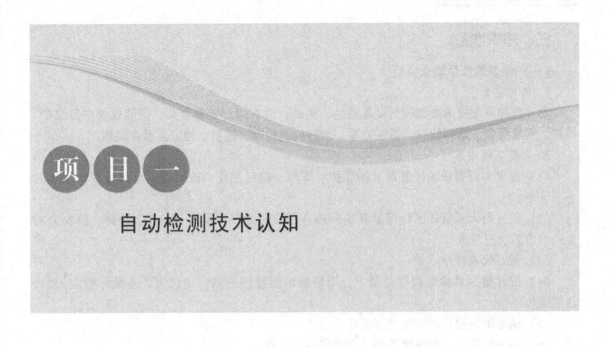

项目一

自动检测技术认知

# 情境 1.1　压力测量仪表的应用

**[引言]** 工程上把垂直作用在物体单位面积上的力称为压力。工业生产中，尤其在化工、炼油、火力发电等企业，借助于对压力或者差压（压力差）的测量，可以实现对液位、流量或者质量等工艺变量的测量。此外，为保证生产的正常进行，确保设备的安全运行，生产过程对压力测量或控制的要求很高，压力是工业生产中最重要和最普遍的测量变量之一。

## 一、学习目标

（1）明确仪表维修员岗位职责和工作内容。

（2）了解压力测量的基本知识。

（3）掌握弹簧管压力表的选用及检定方法。

（4）掌握前馈控制系统、反馈控制系统及前馈－反馈控制系统的原理分析。

（5）会使用常用的钳工工具。

（6）会使用 YL－60 型活塞式压力计。

（7）掌握压力变送器的选用及校准。

（8）掌握压力表的安装方法。

## 二、工作任务

（1）根据条件计算，进行弹簧管压力表选型。

（2）进行弹簧管压力表检定，根据压力表检定数据进行计算、分析，填写记录。

## 三、知识准备

### (一) 仪表维修员职业介绍

1. 职业定义

参加自控系统技术改造项目设备安装、调试；对在用的计量器具、仪器仪表进行维护、维修、定期检定、巡回检查、排除故障；做好仪表检修、巡检、检定记录并归档。

2. 主要工作内容

(1) 负责本班责任区计量器具的维护、维修、检定工作，按时完成车间及厂部下达的各项任务。

(2) 坚持每天对责任区计量器具巡回检查，及时处理计量器具、仪表故障，确保公司生产经营活动正常进行。

(3) 做好仪表检修记录。

(4) 按计量器具检定规程的要求，周期检定所管理的辖区内仪表，并做好检定记录，送档案员存档。

(5) 搞好班组建设和安全达标工作。

(6) 正确使用及妥善保管各种类标准仪器和工具。

(7) 努力学习新技术，不断提高技术水平。

### (二) 压力表的分类

压力测量仪表按照其转换原理不同，可分为液柱式、弹性式、活塞式和电气式四大类，其工作原理、主要特点和应用场合如表 1 – 1 – 1 所示。

表 1 – 1 – 1　压力测量仪表分类比较

| 压力测量仪表的种类 | | 测量原理 | 主要特点 | 用途 |
|---|---|---|---|---|
| 液柱式压力计 | U 形管压力计 | 液体静力平衡原理（被测压力与一定高度的工作液体产生的重力平衡） | 结构简单、价格低廉、精度较高、使用方便，但是测量范围比较窄，玻璃易碎 | 适用于低微静压测量，高精度者可以用作基准器，不适于工厂使用 |
| | 单管压力计 | | | |
| | 倾斜管压力计 | | | |
| | 补偿微压计 | | | |
| | 自然液柱式压力计 | | | |
| 弹性式压力表 | 弹簧管压力表 | 弹性元件弹性变形原理 | 结构简单、牢固、使用方便、价格低廉 | 用于高、中、低压的测量，应用十分广泛 |
| | 波纹管压力计 | | 具有弹簧管压力表的特点，有的因为波纹管位移比较大，可制成自动记录仪 | 用于测量400 kPa 以下的压力 |
| | 膜片式压力表 | | 除具有弹簧管压力表的特点外，还能测量黏度较大的液体压力表 | 用于测量低压 |
| | 膜盒式压力表 | | 用于低压或微压测量，其他特点同弹簧管压力表 | 用于测量低压或微压 |

| 压力测量仪表的种类 | | 测量原理 | 主要特点 | 用途 |
|---|---|---|---|---|
| 活塞式压力表 | 单活塞式压力表 | 液体静力平衡原理 | 比较复杂和贵重 | 用于做基准仪器，检定压力表或实现精密测量 |
| | 双活塞式压力表 | | | |
| 电气式压力表 | 压力传感器 应变式压力传感器 | 导体或半导体的应变效应原理 | 能将压力转换成电量，并进行远距离传送 | 用于控制室集中显示、控制 |
| | 压力传感器 霍尔式压力传感器 | 导体或半导体的霍尔效应原理 | | |
| | 压力（差压）变送器（分常规式和智能式） 力矩平衡式变送器 | 力矩平衡原理 | | |
| | 压力（差压）变送器（分常规式和智能式） 电容式变送器 | 将压力转换成电容器电容的变化 | 能将压力转化成统一标准的电信号，并进行远距离传送 | |
| | 压力（差压）变送器（分常规式和智能式） 电感式变送器 | 将压力转换成电感的变化 | | |
| | 压力（差压）变送器（分常规式和智能式） 扩散硅式变送器 | 将压力转换成硅杯的阻值变化 | | |
| | 压力（差压）变送器（分常规式和智能式） 振弦式变送器 | 将压力转换成振弦振荡频率的变化 | | |

### （三）弹簧管压力表

弹簧管压力表的品种规格繁多，测压范围宽，测量精度高，仪表刻度均匀，坚固耐用，应用广泛。

单圈弹簧管压力表由单圈弹簧管和一组传动放大机构（简称机芯，包括拉杆、扇形齿轮、中心齿轮）及指示机构（包括指针、面板上的分度标尺）和表壳组成。其结构原理图如图 1 − 1 − 1 所示。

被测压力由接头通入，迫使弹簧管 2 的自由端向右上方扩张。自由端的弹性变形位移通过拉杆 3 使扇形齿轮 4 做逆时针偏转，带动中心齿轮做顺时针偏转，使其与中心齿轮同轴的指针 5 也做顺时针偏转，从而在刻度盘显示出被测压力 $P$ 的数值。由于自由端的位移与被测压力呈线性关系，所以弹簧管压力表的刻度标尺为均匀分度。

应用中要注意弹簧管的材料应随被测介质的性质、

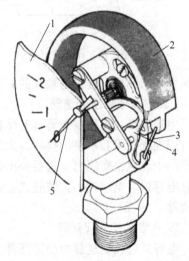

图 1 − 1 − 1 单圈弹簧管压力表结构示意图
1—刻度盘；2—弹簧管；3—拉杆；
4—扇形齿轮传动机构；5—指针

被测压力的高低而不同。一般在 $P < 20$ MPa 时，采用磷铜；$P > 20$ MPa 时，则选用不锈钢或者合金钢。但是在选用压力表时，必须注意被测介质的化学性质，一般在仪表的外壳上用表 1 - 1 - 2 所列的色标来标注。

表 1 - 1 - 2　弹簧管压力表色标含义

| 被测介质 | 氧气 | 氢气 | 氨气 | 氯气 | 乙炔 | 可燃气体 | 惰性气体或液体 |
|---|---|---|---|---|---|---|---|
| 色标颜色 | 天蓝 | 深绿 | 黄色 | 褐色 | 白色 | 红色 | 黑色 |

### （四）电动Ⅲ型力矩平衡式压力变送器

变送器是电动单元组合仪表的重要单元之一，其作用是将被测变量转换为统一标准信号，送给显示仪表、记录仪表、控制器或计算机控制系统，从而实现对被测变量的自动测量和控制。

电动Ⅲ型力矩平衡式压力变送器是用来将压力信号转换成 4 ~ 20 mA DC 标准电信号的仪表。它采用 24 V 直流电源供电，为两线制现场安装、安全火花型（即在任何状态下产生的火花都是不能点燃爆炸性混合物的安全火花）防爆仪表。具有较高的测量精度（一般为0.5 级），工作稳定可靠、线性好、不灵敏区较小。

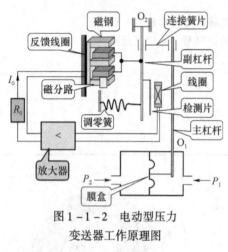

图 1 - 1 - 2　电动型压力
变送器工作原理图

图 1 - 1 - 2 所示为电动型压力变送器的测量机构示意图。图中，测量室由测量膜片分隔开，右为高压室，左为低压室。测量膜片在差压作用下产生变形，通过连杆推动主杠杆绕轴封膜片支点 $O_1$ 转动，通过推板作用在矢量板上，将作用力分解成沿矢量板作用在支点上的力和沿拉杆向上的力带动副杠杆绕十字支撑簧片转动，使与副杠杆刚性连接的动铁芯和差动变压器之间的距离改变，从而改变差动变压器原、副边绕组的磁耦合，使差动变压器副边绕组输出电压改变，经测量放大器放大后，转换成 4 ~ 20 mA DC 电流输出，该电流流过可动线圈，与永久磁钢之间形成电磁力作用于副杠杆以实现力矩平衡，从而保证输出与输入的一一对应关系。

### （五）其他差压变送器

力矩平衡式差压变送器具有体积大、质量大、易损坏、不易调校、维修困难等特点。随着过程控制技术和水平的提高，大量高精度、现代化的控制仪表及装置被广泛应用于工业过程控制中，这也对压力变送器提出新的要求。目前微位移式压力变送器已普遍得到应用，主要有电容式、电感式、扩散硅式、振弦式等。下面主要介绍目前应用较广泛的几种新型差压变送器。

#### 1. 电容式差压变送器

电容式差压变送器由测量部件、转换放大器两部分组成。其中测量部分的核心部件是由两个固定的弧形电极与中心感压膜片这个可动电极构成的两个电容器，如图 1 - 1 - 3 所示。当被测差压变化时，中心感压膜片发生微小的位移（最大位移量不超过 0.1 mm），使之与固定电极间的距离发生微小的变化，从而导致两个电容值发生微小的变化，该变化的电容值由转换放大电路进一步放大成 4～20 mA DC 电流。这个电流与被测差压成一一对应的线性关系，实现差压的测量。电容式差压变送器具有精度高、耐振动和冲击、可靠性和稳定性高、体积小、质量小、调校方便等特点。

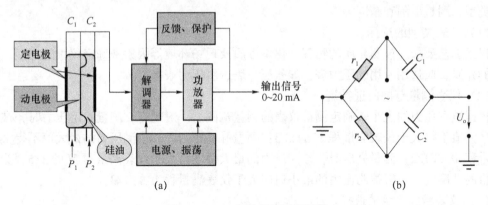

图 1－1－3　电容式差压变送器

（a）结构示意图；（b）测量桥路

### 2. 扩散硅式压力变送器

扩散硅式压力变送器的结构如图 1－1－4 所示，由测量桥路和放大电路两部分组成。测量桥路主要由硅应变片组成，它采用 4 片电阻扩散在一片很薄的单晶硅片上组成一个桥路。当输入的压力作用于高、低膜片时，通过各自分入的填充液将压力传递到感测元件硅应变片上，硅应变片受压后，使测量桥路失去平衡，输出电压信号，经放大器放大转换输出 4～20 mA DC 电流。

硅应变片有非常高的灵敏度，可将很小的输入信号转换成很大的输出信号，便于测量，并且抑制干扰信号能力强。

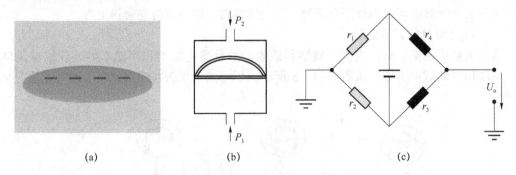

图 1－1－4　扩散硅式压力变送器原理示意图

（a）硅应变片；（b）扩散杯；（c）测量桥路

### 3. 智能差压变送器

在普通差压变送器的基础上增加微处理器电路，就构成了智能型差压变送器。它能通过手持终端（也称手操器）对现场变送器的各种运行参数进行选择和标定，具有精度高、使用维护方便等特点。通过编制各种程序或输入模型，使变送器具有自动诊断、自动修正、自动补偿以及错误方式报警等多种功能，从而提高了变送器的精确度，简化了调校、维护过程，实现了与计算机和控制系统直接对话的功能。

**（六）压力测量仪表的选择、安装及案例分析**

**1. 压力测量仪表的选择**

根据实际生产过程的要求、被测介质的性质、现场环境条件等因素，来选择压力测量仪表的类型、测量范围和精度等级。

（1）仪表类型的选择。

根据工艺要求，被测介质的物理、化学性质及现场环境等因素来确定仪表的类型。对于特殊的介质，应选用专用的压力表，如氨压力表、氧压力表等。

（2）仪表测量范围的选择。

根据被测压力的大小来确定测量仪表的测量范围。一般规定，测量稳定压力时，被测压力的最大值不得大于仪表满量程 $M$ 的 2/3；测量脉动压力时，被测压力的最大值不得大于仪表满量程 $M$ 的 1/2；测量高压时，被测压力的最大值不得大于仪表满量程 $M$ 的 3/5。为了保证测量的准确度，一般被测压力的最小值应大于仪表满量程 $M$ 的 1/3。

（3）仪表精度等级的选择。

仪表精度根据工艺生产中所允许的最大测量误差来决定。考虑到生产成本，一般所选的仪表精度只要能满足生产需要即可。

**2. 压力测量仪表的安装**

（1）测压点的选择。

测压点选择的好坏，直接影响到测量的效果。测压点必须能反映被测压力的真实情况。一般选择与被测介质呈直线流动的管段部分，且使取压点与流动方向垂直；测液体压力时，取压点应在管道下部；测气体压力时，取压点应在管道上方；测量蒸汽时，取压点在管道两侧中部。

（2）导压管的铺设。

导压管粗细要合适，在铺设时应便于压力测量仪表的保养和信号传递。在取压口到仪表之间应加装切断阀。当遇到被测介质易冷凝或冻结时，取压点应在管道上方。

（3）压力测量仪表的安装。

压力测量仪表安装时，应便于观察和维修，尽量避免振动和高温影响。应根据具体情况，采取相应的防护措施，如图 1-1-5 所示，压力测量仪表在连接处应根据实际情况加装密封垫片。

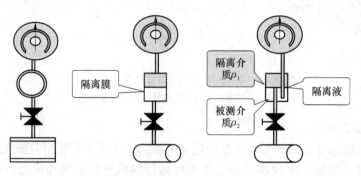

图 1-1-5 压力测量仪表的安装

3. 压力测量仪表的应用案例

接下来，以电容式压力传感器为例，介绍其应用。

（1）基本原理。

电容式压力传感器采用变电容测量原理，将由被测压力引起的弹性元件的位移变形转变为电容的变化，用测量电容的方法测出电容量，便可知道被测压力的大小，如式（1-1-1）。

$$C = \frac{\varepsilon A}{d} \tag{1-1-1}$$

式中，$\varepsilon$ 为电容极板间介质的介电常数；$A$ 为两平行板的相对面积；$d$ 为两平行板间距。

（2）基本组成。

电容式压力传感器主要由测量膜片（金属弹性膜片）、镀金属的凹形玻璃球面及基座组成。测量膜片左右空间被分隔成两个室，其中充满硅油。

（3）测量注意事项。

测量膜片在焊接前加有预张力，当两边的压力相等时，处于中间平衡位置，此时定极板左右两电容的电容值完全相等。

（4）测量电路，电容式压力传感器测量电路如图1-1-6所示。

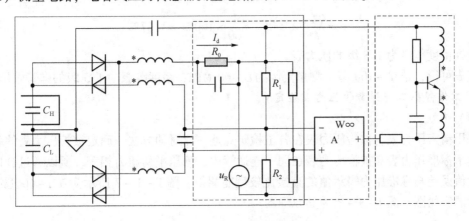

图1-1-6　电容式压力传感器测量电路

电容转化成电流的公式为：

$$I_d = I_L - I_H = \frac{C_L - C_H}{C_L + C_H} \frac{R_1 - R_2}{R_1 R_2} u_R \tag{1-1-2}$$

## 四、看一看案例

### （一）工作准备

（1）了解压力测量基本知识及弹簧管压力表的选用。

（2）掌握弹簧管压力表的安装方法。

（3）熟悉工业仪表误差、精度的计算。

### （二）设备、工具、材料准备

（1）YL-60型活塞式压力计一台。

（2）标准压力表0～1.0 MPa、1.6 MPa、2.5 MPa、4.0 MPa，精度0.4级各一块。

（3）被检压力表 0～1.0 MPa、1.6 MPa、2.5 MPa，精度 1.6 级各一块。

（4）扳手一套。

（5）纸和笔。

（6）计算器。

**（三）实施**

1. 工作任务一

根据题目的要求进行计算，对照参考答案，验证计算结果。

[例 1-1-1] 现要选择一只安装在往复式压缩机出口的压力表，被测压力的范围为 22～25 MPa，工艺要求测量误差不得大于 1 MPa，且要求就地显示。试正确选择压力表的型号、精度及测量范围。

参考答案：往复式压缩机的出口压力为脉动压力，则有

$$22 \geqslant \frac{M}{3} \text{和} 25 \leqslant \frac{M}{2} \quad \text{可得} 66 \geqslant M \geqslant 50$$

查附录 1，可选测压范围为 0～60 MPa。

工艺允许最大误差为：

$$\delta = \frac{\Delta_{\max}}{M} \times 100\% = \frac{1}{60} \times 100\% = 1.67\%$$

选择精度等级为 1.5 级的压力表。

查表可得，选 Y-100 型、测量范围为 0～60 MPa、精度等级为 1.5 级的弹簧管压力表。

2. 工作任务二（弹簧管压力表检定）

（1）方法。

采用精密压力表与被检压力表在各被检定点逐一比对的方法，确定被检压力表的各项误差。由于标准压力表和被检压力表在同一连通管内，静压平衡压力相等，所以通过被检压力表的示值误差与标准压力表示值的直接比较就能测得。图 1-1-7 所示为 YL-60 型活塞式压力计的实物图，图 1-1-8 为其原理图。

图 1-1-7　YL-60 型活塞式压力计

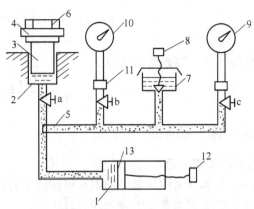

图 1-1-8　活塞式压力计原理图

1—液压油缸；2—溢流油杯；3—溢流阀芯；4—溢流阀体；
5—油管；6—手轮；7—油杯；8—平衡阀；9—被检压力表；
10—标准压力表；11—接头；12—旋转手轮；13—活塞

a，b，c—截止阀

（2）注意事项。

① 选用的标准压力表的允许基本误差应小于或等于被检压力表的1/3。

② 标准压力表的量程应大于被检压力表的1/3。

（3）被检压力表的主要技术要求。

① 示值误差：在测量范围内，示值误差应不大于表1-1-3所规定的允许误差。

② 回程误差：在测量范围内，回程误差应不大于表1-1-3所规定的允许误差绝对值。

③ 轻敲位移：轻敲表壳后，指针示值变动量应不大于表1-1-3所规定的允许误差绝对值的1/2。

④ 指针偏转平稳性：在测量范围内，指针偏转应平稳，无跳动和卡住刺针现象。

表1-1-3  被检压力表的主要技术要求

| 准确度等级 | 允许误差（按量程的百分比计算）/% | | | |
| --- | --- | --- | --- | --- |
| | 零位 | | 测量上限的 | 其余部分 |
| | 带止销 | 不带止销 | (90~100)% | |
| 1.6 | 1.6 | ±1.6 | ±2.5 | ±1.6 |

（4）被检压力表的通用技术要求（外观）。

① 压力表外表无松动现象、标志齐全。

② 表玻璃无色透明、无损伤，没有妨碍读数的缺陷。

③ 分度盘平整光洁，各标志清晰可辨。

④ 指针指示端应能覆盖最短分度线长度的1/3~2/3。

（5）检定内容和步骤。

1）检定前的准备工作。

选择一只1.6级的普通压力表作为被检压力表，对其基本误差进行检定，在全标尺范围内总检定点不得少于5个，并做检定前准备。

① 操作使用活塞式压力计前，观察气液式水平器是否处于水平状态，将仪器调整到水平状态。

② 将a、b、c三阀关死。打开油杯阀，在油杯内注入约2/3的纯净变压器油，逆时针旋转手轮12使工作活塞退出，吸入工作液。

③ 关闭油杯阀，打开b、c阀，顺时针旋转手轮12加压排出管内的空气，直至压力表接头处有工作液即将溢出。

④ 活塞式压力计右端装上被检压力表，左端装上标准压力表，管接处应放置垫片，同时用扳手拧紧压力表，不漏油为止。

⑤ 重新吸油，加压排气，让气体从油杯阀处排出。关闭油杯阀，做好检定前的准备工作。

⑥ 手轮的旋进或旋出可使油压上升或下降。当压力泵一次加压达不到规定值时，可关闭b、c阀，打开油杯阀再次吸油。然后关闭油杯阀，打开b、c阀继续加压。

2）检定。

① 在被检压力表量程的0%、25%、50%、75%、100% 5点进行升压、降压的检定。

② 对每个检定点，检定时逐步平稳地升压（或降压），当示值达到测量上限后，切断压力源，耐压 3 min，然后按原检定点平稳升压或降压。

示值误差：对每个检定点，在升压（或降压）和降压（或升压）检定时，观察轻敲表壳前、后时的示值，填入原始记录表格；

回程误差：对同一被检点，在升压（或降压）和降压（或升压）检定时，轻敲表壳前、后时的示值之差；

轻敲位移：对同一被检点，在升压（或降压）和降压（或升压）检定时，观察轻敲表壳后引起的示值变动量，填入原始记录表格；

指针偏转平稳性：在示值检定过程中，用目力观测指针的偏转，是否平稳，有无跳动和卡住刺针现象。

检定结束后，打开油杯阀，取下压力表，放出工作液，用棉纱把压力表检定台擦拭干净，并罩好防尘罩。

（6）检定原始记录。

填写附表一。

（7）检定报告格式及内容。

① 检定目的及要求。

② 检定原理图。

③ 检定原始数据记录、数据处理及试验结果。

④ 检定校验中出现的现象及分析。

**附表一　压力表检定原始记录**

检定日期：　　　　　　指导老师：

检定人：　　　　　　　同组人：

被检表名称：　　　　　被检表型号：　　　　外观：　　　　　分度值：

测量范围：　　　　　　准确度等级：　　　　允许误差：

标准仪器名称：　　　　室温：　　　　　　　允许误差：

| 标准压力/MPa | 被检压力表轻敲后的示值 | | 轻敲时指针的变动量 | | 回程误差 |
|---|---|---|---|---|---|
| | 升压 | 降压 | 升压 | 降压 | |
| | | | | | |
| | | | | | |
| | | | | | |
| | | | | | |
| | | | | | |
| | | | | | |
| 备注： | | | | | |

检定结果：符合　　　　　　级。

（8）清理、打扫工作现场。

## 五、想一想、做一做

（1）一个反应器的工况压力为 15 MPa，要求测量误差不超过 ±0.5 MPa，现选用一只 2.5 级、0 ~ 25 MPa 的压力表进行压力测量，问能否满足对测量误差的要求？应选用几级的压力表？

（2）某合成氨塔的压力控制指标为 (14 ± 0.4) MPa，要求就地指示塔内的压力，试选择压力表的类型、测量范围、精度等级、型号。

（3）完成一份压力表检定报告。

（4）压力表安装时应注意什么？

（5）完成工作任务报告。

# 情境 1.2　物位测量仪表的应用

**[引言]** 物位是液位、界位和料位的总称。相应的检测仪表分别称为液位计、界位计、和料位计。物位检测仪表的种类很多，大体上可分成接触式和非接触式两大类。表 1 - 2 - 1 是各类物位检测仪表的工作原理、主要特点和应用场合。

表 1 - 2 - 1　物位检测仪表的分类

| 压力检测仪表的种类 | | | 检测原理 | 主要特点 | 用途 |
|---|---|---|---|---|---|
| 接触式 | 直读式 | 玻璃管液位计 | 连通器原理 | 结构简单，价格低廉，显示直观，但玻璃易损，读数不十分准确 | 现场就地指示 |
| | | 玻璃板液位计 | | | |
| | 差压式 | 压力式液位计 | 利用液柱或物料堆积对某定点产生压力的原理而工作 | 能远传 | 可用于敞口或密闭容器中，工业上多用差压变送器 |
| | | 吹气式液位计 | | | |
| | | 差压式液位计 | | | |
| | 恒浮力式 | 浮标式 | 基于浮于液面上的物体随液位的高低而产生的位移来工作 | 结构简单，价格低廉 | 测量储罐的液位 |
| | | 浮球式 | | | |
| | 变浮力式 | 沉筒式 | 基于沉浸在液体中的沉筒的浮力随液位变化而变化的原理工作 | 可连续测量敞口或密闭容器中的液位、界位 | 需远传显示、控制的场合 |
| | 电气式 | 电阻式液位计 | 通过将物位的变化转换成电阻、电容、电感等电量的变化来实现物位的测量 | 仪表轻巧，滞后小，能远距离传送，但线路复杂，成本较高 | 用于高压腐蚀性介质的物位测量 |
| | | 电容式液位计 | | | |
| | | 电感式液位计 | | | |

续表

| 压力检测仪表的种类 | | 检测原理 | 主要特点 | 用途 |
|---|---|---|---|---|
| 非接触式 | 核辐射式物位仪表 | 利用核辐射透过物料时，其强度随物质层的厚度而变化的原理工作 | 能测各种物位，但成本高，使用和维护不便 | 用于腐蚀性介质的物位测量 |
| | 超声波式物位仪表 | 基于超声波在气、液、固体中的衰减程度、穿透能力和辐射声阻抗各不相同的性质工作 | 准确性高，惯性小，但成本高，使用和维护不便 | 用于对测量精度要求高的场合 |
| | 光学式物位仪表 | 利用物位对光波的折射和反射原理工作 | 准确性高，惯性小，但成本高，使用和维护不便 | 用于对测量精度要求高的场合 |

## 一、学习目标

（1）了解物位测量方法及测量仪表。
（2）掌握差压式液位测量原理及迁移量计算方法。
（3）掌握差压式液位测量系统的安装方法。
（4）掌握液位仪表选型及校准方法。
（5）会使用常用的仪表校验工具。

## 二、工作任务

储水槽差压式液位测量系统的设计、迁移量计算、仪表选型、安装调试。

## 三、知识准备

### （一）差压式液位计

#### 1. 工作原理

差压式液位计是根据流体静力学原理工作的，即容器内液位的高度 $L$ 与液柱上下两端面的静压差成比例。如图 1-2-1 所示，根据流体静力学原理，$A$ 点和 $B$ 点的压力差 $\Delta P$ 为

$$\Delta P = P_B - P_A = \rho g L \qquad (1-2-1)$$

一般被测介质的密度 $\rho$ 是已知的，重力加速度 $g$ 是常量，所以压差 $\Delta P$ 正比于液位 $L$，即液位 $L$ 的测量问题转换成差压 $\Delta P$ 的测量。因此，所有压力、压差检测仪表只要量程合适都可以用来测量物位。

#### 2. 零点迁移

实际应用差压式液位计时，由于周围环境的影响，在安装时常常会遇到以下几种情况。

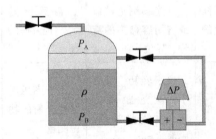

图 1-2-1　差压式液位计示意图

(1) 零点无迁移。

如图 1-2-1 所示，在使用电动差压变送器时，差压变送器的安装高度与最低液位正好在同一水平上，此时

$$\Delta P = P_B - P_A = \rho g L \qquad (1-2-2)$$

当 $L = 0$ 时 $\Delta P = 0$

$$I_0 = I_{0min} = 4 \ mA \ (DC)$$

当 $L = L_{max}$ 时

$$\Delta P = \Delta P_{max}$$
$$I_0 = I_{0max} = 20 \ mA \ (DC)$$

当液位在 $0 \sim L$ 之间变化时，$\Delta P$ 在 $0 \sim \Delta P_{max}$ 之间变化，它们之间形成一一对应的关系，这就是所谓"无迁移"情况。

(2) 零点正迁移。

若差压变送器与容器的液相取压点不在同一水平面上，如图 1-2-2 所示。变送器此时正压室受到的压力为：

$$P_+ = P_A + \rho g L + \rho g L_1 \qquad (1-2-3)$$

负压室受到的压力为：

$$P_- = P_A \qquad (1-2-4)$$

压差为：

$$\Delta P = P_+ - P_- = \rho g L + \rho g L_1 \qquad (1-2-5)$$

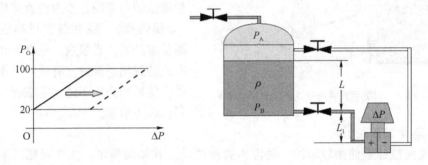

图 1-2-2 安装位置低于最低液位的差压式液位计示意图

显然，当 $L = 0$ 时，$\Delta P > 0$（显示仪表的指示值大于零），此时差压变送器需要零点"正迁移"，迁移量 $= \rho g L_1$。

(3) 零点负迁移。

如果被测介质易挥发或有腐蚀性，为了保护变送器，防止管线阻塞或腐蚀，并保持负压室的液柱高度恒定，保证测量精度，需要在负压管线上加隔离液，如图 1-2-3 所示。此时

$$\Delta P = P_+ - P_- = (P_A + \rho_1 g L + \rho_2 g L_1) - (P_A + \rho_2 g L_2) = \rho_1 g L + \rho_2 g (L_1 - L_2) \qquad (1-2-6)$$

式中 $\rho_1$——被测介质的密度；

$\rho_2$——隔离液的密度。

显然，当 $L = 0$ 时，$\Delta P < 0$，显示仪表指示值小于零，差压变送器需要零点"负迁移"。

迁移的实质只是改变了仪表上、下限，相当于测量范围进行了平移，不改变仪表的量程。

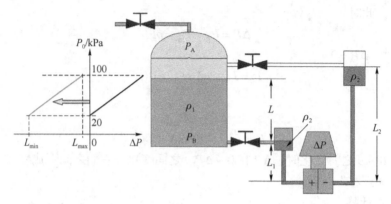

图1-2-3　加装隔离液的差压式液位计示意图

### 3. 法兰式差压变送器测量液位

当测量具有腐蚀性或者含有结晶颗粒以及黏度大、易凝固等液体时，为防止管线被腐蚀或阻塞，常使用在导压管入口处加隔离膜盒的法兰式差压变送器。法兰式差压变送器按其结构可分单法兰式和双法兰式两种。

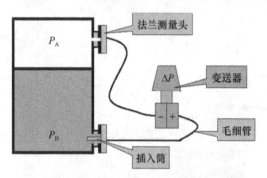

图1-2-4　双法兰式差压变送器测量示意图

图1-2-4为双法兰式差压变送器测量液位的示意图。作为传感元件的测量头（金属膜盒），经毛细管与差压变送器的测量室相通。在膜盒、毛细管和测量室所组成的封闭系统内充有硅油，作为传压介质，使被测介质不进入毛细管与差压变送器，以免堵塞。

### （二）浮力式液位计

沉筒式液位计是使用较早的一种浮力式液位计。其结构简单，工作可靠，不易受外界环境影响，维护方便。图1-2-5所示为扭力管式沉筒液位计的结构示意图。浮筒（检测元件）是用不锈钢制成的空心长圆柱体，被悬挂于杠杆的一端，并部分沉浸于被测介质中。杠杆的另一端与扭力管、芯轴的一端垂直固定在一起，并由外壳上的支点支撑。扭力管的另一端通过法兰固定在仪表外壳上，芯轴的另一端为自由端，用来输出角位移。扭力管为一根富有弹性的合金钢材料制成的空心管。它一方面能将被测介质与外部空间隔开，另一方面利用扭力管的弹性扭转变形把作用于扭力管一端的力矩转换成芯轴的转动（角位移）输出。

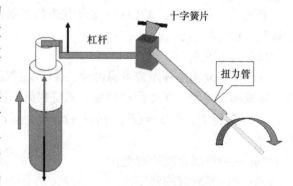

图1-2-5　扭力管式沉筒液位计结构示意图

### （三）其他物位检测仪表

#### 1. 电容式物位计

电容式物位计是利用电学原理，直接把物位变化转换为电容变化，再把电容变化值转换为统一的电信号进行传输、处理，最后显示出来。电容式物位计是基于检测元件的电容随物位变化而变化的工作原理，只要测出电容量的变化，就可以知道物位高低的数值。

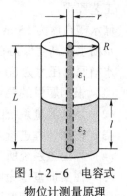

图 1-2-6　电容式
物位计测量原理

电容检测元件是根据圆筒电容器原理进行工作的，结构如图 1-2-6 所示，它有两个长度为 $L$、半径分别为 $R$ 和 $r$ 的圆筒金属导体，中间隔以绝缘物质便构成圆筒形电容器，当将检测元件放入被测介质中时，在电容器两极间就会进入与被测液位等高度的液体，当液位变化时，电容器被液体遮盖住的那部分电容的介电常数就会发生变化，从而导致电容发生变化。由测量线路将这个变化电容检测出来，并转换为 $0 \sim 10$ mA DC 或 $4 \sim 20$ mA DC 的标准电流信号输出，就实现了对液位的连续测量。

#### 2. 超声波物位检测仪表

声波在气体、液体、固体中具有一定的传播速度，而且在穿过介质时会被吸收而衰减。声波在穿过不同密度的介质分界处还会产生反射。根据声波从发射至接收回波的时间间隔与物位高度成正比的关系，就可以测量物位。

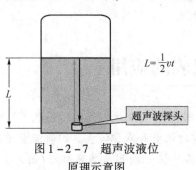

$$L = \frac{1}{2}vt$$

图 1-2-7　超声波液位
原理示意图

当声波从液体（或固体）传播到气体，由于两种介质的密度相差悬殊，声波几乎全部被反射。因此，当置于容器底部的换能器向液面发射出声脉冲时（见图 1-2-7），经过时间 $t$，换能器可接收到从液面发射回来的回波声脉冲。设探头到液面的距离为 $L$，超声波在液体中的传播速度为 $v$，则存在以下的关系

$$L = \frac{1}{2}vt \qquad (1-2-7)$$

对于特定的液体，$v$ 是已知的，一旦测出从发出到接收到声波的时间 $t$，就可确定液位的高度 $L$。

## 四、看一看案例

### （一）工作准备

（1）了解液位测量方法及测量仪表。

（2）掌握差压式液位测量系统的设计、选型及安装方法。

（3）掌握差压式液位测量系统迁移量的计算方法。

### （二）设备、工具、材料准备

（1）差压变送器一台。

（2）密封垫片、面纱。

（3）螺丝刀、扳手各一套。

（4）纸和笔。

（5）计算器。

**（三）实施**

工艺要求：

储水槽高度为 15 m，直径为 10 m；

水槽水位高度保持在 10 m ± 0.3 m；

水槽原有压力为 60 kPa。

（1）根据题目的要求进行储水槽差压式液位测量系统的设计，绘制出设计图。

（2）计算测量系统的迁移量。

（3）根据计算进行差压变送器选型。

（4）列出该系统所需要的设备材料。

（5）在实训室里完成差压式液位测量系统的安装调试。

（6）完成储水槽差压式液位测量系统设计说明书。

## 五、想一想、做一做

（1）物位检测仪表有哪些类型？分别根据什么原理工作？

（2）用差压变送器测量液位，在什么情况下会出现零点迁移？什么是"正迁移"？什么是"负迁移"？

（3）完成差压式液位测量系统设计说明书及工作报告。

# 情境 1.3  流量测量仪表的应用

[引言] 在工业生产中，经常需要测量生产过程中各种介质（液体、气体、蒸汽等）的流量，以便为生产操作、管理和控制提供依据。流量分为瞬时流量和累积流量。瞬时流量是指在单位时间内流过管道某一截面流体的数量，简称流量，其单位一般用立方米/秒（$m^3/s$）、千克/秒（kg/s）。累积流量是指在某一段时间内流过流体的总和，即瞬时流量在某一段时间内的累积值，又称为总量，单位用千克（kg）、立方米（$m^3$）。

流量和总量又有质量流量、体积流量两种表示方式。单位时间内流体流过的质量表示为质量流量；以体积表示的称为体积流量。

流量的测量方法很多，所对应的测量仪表种类也很多，表 1 - 3 - 1 对流量测量仪表进行了分类比较。

表 1 - 3 - 1  流量测量仪表分类比较

| 流量测量仪表的种类 | | 测量原理 | 主要特点 | 用途 |
|---|---|---|---|---|
| 差压式 | 孔板 | 基于节流原理，利用流体流经节流装置时产生的压力差而实现流量测量 | 已实现标准化，结构简单，安装方便，但差压与流量为非线性关系 | 管径 > 50 mm、低黏度、大流量清洁的液体、气体和蒸汽的流量测量 |
| | 喷嘴 | | | |
| | 文丘里管 | | | |

续表

| 流量测量仪表的种类 | | 测量原理 | 主要特点 | 用途 | |
|---|---|---|---|---|---|
| 转子式 | 玻璃管转子流量计 | 基于节流装置的原理，利用流体流经转子时，截流面积的变化来实现流量测量 | 压力损失小，测量范围大，结构简单，使用方便，但需要垂直安装 | 适于小管径、小流量的流体或气体的流量测量，可进行现场指示或信号远传 | |
| | 金属管转子流量计 | | | | |
| 容积式 | 椭圆齿轮流量计 | 采用容积分界的方法，转子每转一周都可送出固定的流体，则可利用转子的转速来实现测量 | 精度高、量程宽、对流体的黏度变化不敏感，压力损失小，安装使用较方便，但结构复杂，成本高 | 小流量、高黏度、不含颗粒和杂物、温度不太高的流体流量测量 | 液体 |
| | 皮囊式流量计 | | | | 气体 |
| | 旋转活塞流量计 | | | | 液体 |
| | 腰轮流量计 | | | | 液、气 |
| | 涡轮流量计 | 利用叶轮或涡轮被液体冲转后转速与流量的关系进行测量 | 安装方便，精度高、耐高温，反应快，便于信号远传，需水平安装 | 可测脉动、洁净、不含杂质的流体流量 | |
| | 电磁流量计 | 利用电磁感应原理来实现流量测量 | 压力损失小，对流量变化反应速度快，但仪表复杂、成本高、易受电磁场干扰，不能振动 | 可测量酸、碱、盐等导电液体溶液，以及含有固体或纤维的流体流量 | |
| 旋涡式 | 旋进旋涡型 | 利用有规律的旋涡剥离现象来测量流体的流量 | 精度高、范围广、无运动部件、无磨损、损失小、维修方便、节能好 | 可测量各种管道中的液体、气体和蒸汽的流量 | |
| | 卡门旋涡型 | | | | |
| | 间接式质量流量计 | | | | |

通常把测量流量的仪表称为流量计，把测量总量的仪表称为计量表。

## 一、学习目标

（1）了解流量测量方法及常用的测量仪表。
（2）了解标准节流装置的使用。
（3）掌握差压式流量测量原理及安装方法。
（4）掌握差压式流量测量系统投运方式。
（5）会使用常用的钳工工具。
（6）掌握流量测量元件的选用方法。

## 二、工作任务

差压式流量测量系统的设计安装及投运。

## 三、知识准备

### (一) 差压式流量计

差压式流量计（也称节流式流量计）是基于流体流动的节流原理，利用流体流经节流装置时产生的静压差来实现流量测量，由节流装置（包括节流元件和取压装置）、导压管和差压计或差压变送器及显示仪表组成。

#### 1. 测量原理

流体在管道中流动，流经节流装置时，由于流通面积突然减小，流速必然产生局部收缩，流速加快，根据能量守恒定理，动压能和静压能在一定的条件下可以相互转换，流速加快的结果必然导致静压能的降低，因而在节流装置的上、下游之间产生静压差。这个静压差的大小和流过此管道流体的流量有关，它们之间的关系可用下式表示

$$q_m = \alpha \cdot \varepsilon \cdot A_d \sqrt{2\rho \cdot \Delta P} \qquad (1-3-1)$$

式中　$q_m$——流体质量流量；

　　　$\alpha$——流量系数；

　　　$\varepsilon$——流量的膨胀系数；

　　　$A_d$——节流件开孔面积；

　　　$\rho$——工作状态下被测流体的密度；

　　　$\Delta P$——压差。

当 $\alpha$、$\varepsilon$、$\rho$、$A_d$ 均为常数时，流量与压差的平方根成正比。由于流量与压差之间的非线性关系，在用节流式流量计测量流量时，流量标尺刻度是不均匀的。

#### 2. 标准节流装置

设置在管道内能够使流体产生局部收缩的元件，称为节流元件。所谓标准节流装置，就是指它们的结构形式、技术要求、取压方式、使用条件等均有统一的标准。实际使用过程中，只要按照标准要求进行加工，可直接投入使用。

目前常用的标准节流装置有孔板、喷嘴、文丘里管，其结构如图 1-3-1 所示。

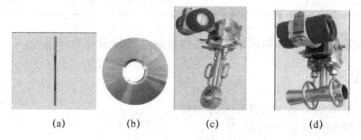

　　　(a)　　　　　(b)　　　　　(c)　　　　　(d)

图 1-3-1　标准节流装置
(a) 板；(b) 孔板；(c) 喷嘴；(d) 文丘里管

（1）标准节流装置的使用条件。

① 流体必须充满圆管和节流装置，并连续地流经管道。

② 管道内的流束（流动状态）必须是稳定的，且是单向、均匀的，不随时间变化或变化非常缓慢。

③ 流体流经节流元件时不发生相变。

④ 流体在流经节流元件以前，其流束必须与管道轴线平行，不得有旋转流。

（2）标准节流装置的选择原则。

① 在允许压力较小时，可采用文丘里管和文丘里喷嘴。

② 在测量某些容易使节流装置玷污、磨损和变形的脏污或腐蚀性介质的流量时，采用喷嘴较孔板为好。

③ 在流量值和压差值都相等的条件下，喷嘴的开孔界面比值 $\beta$ 较孔板的小。这种情况下，喷嘴有较高的测量精度，而且所需的直管长度也较短。

④ 在加工制造和安装方面，以孔板最简单，喷嘴次之，文丘里管、文丘里喷嘴最为复杂，造价也高，所需的直管长度较短。

（3）节流装置的安装。

① 应该使节流元件的开孔与管道的轴线同心，并使其端面与管道的轴线垂直。

② 在节流元件前后长度为管径 2 倍的一段管道内壁上，不应有明显的粗糙或不平。

③ 节流元件的上下游必须配置一定长度的直管。

④ 标准节流装置（孔板、喷嘴）一般只用于直径 $D > 50$ mm 的管道中。

### （二）差压测量及显示

节流元件将管道中流体的流量转换为压差，该压差由导管引出，送给差压计来进行测量。用于流量测量的差压计形式很多，如双波纹管差压计、膜盒式差压计、差压变送器等，其中差压变送器使用得最多。

由于流量与差压之间具有开方关系，为指示方便，常在差压变送器后增加一个开方器，使输出电流与流量变成线性关系，再送显示仪表进行显示。差压式流量测量系统的组成框图如图 1 - 3 - 2 所示。

图 1 - 3 - 2　差压式流量测量系统框图

### （三）差压式流量测量系统的投运

差压式流量计在现场安装完毕，经测量校验无误后，就可以投入使用。

开表前，必须先使引压管内充满液体或隔离液，引压管中的空气要通过排气阀和仪表的放气孔排除干净。

在开表过程中，要特别注意差压计和差压变送器的弹性元件不能受突然的压力冲击，更不要处于单向受压状态。差压式流量计的测量示意如图 1 - 3 - 3 所示，现将投运步骤说明如下：

（1）打开节流装置引压口截止阀 1 和 2。

（2）打开平衡阀 5，并逐渐打开正压侧切断阀 3，使差压计的正、负压室承受同样的压力。

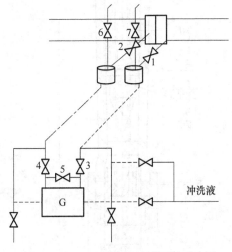

图 1 - 3 - 3　差压式流量计测量示意图
1，2—引压口截止阀；3—正压侧切断阀；
4—负压侧切断阀；5—平衡阀；6，7—排气阀

（3）开启负压侧切断阀4，并逐渐关闭平衡阀5，仪表投入使用。

仪表停运时，与投运步骤相反。

在运行中，如需在线校验仪表的零点，只需打开平衡阀5，关闭切断阀3、4即可。

### （四）其他流量仪表

#### 1. 转子流量计

转子流量计是改变流通面积测量流量的最典型仪表，特别适合于测量小管径中洁净介质的流量，且流量较小时测量精度也较高。

转子流量计的结构如图1-3-4所示，是由上大下小的锥形圆管和转子（也叫浮子）组成的，作为节流装置的转子悬浮在垂直安装的锥形圆管中。当流体自下而上流经锥形圆管时，由于受到流体的冲力，转子便向上运动。随着转子的上升，转子与锥形圆管间的环形流通面积增大，流速减小，直到转子在流体中的质量与流体作用在转子上的力相等时，转子停留在某一高度，维持力平衡。流量发生变化时，转子移到新的位置，继续保持力平衡。在锥形圆管上若标以流量刻度，则从转子最高边缘所处的位置便知流量的数值。也可将转子的高度通过机械结构转换成电信号，进行自动记录、远传和自动控制流量。

#### 2. 椭圆齿轮流量计

椭圆齿轮流量计是容积式流量计中的一种，它对被测流体的黏度变化不敏感，特别适合高黏度的流体（如重油、聚乙烯醇、树脂等），甚至糊状物的流量测量。椭圆齿轮流量计的主要部件是测量室（即壳体）和安装在测量室内的两个互相啮合的椭圆齿轮A和B，两个齿轮分别绕自己的轴相对旋转，与壳体构成封闭的月牙形空腔，如图1-3-5所示。

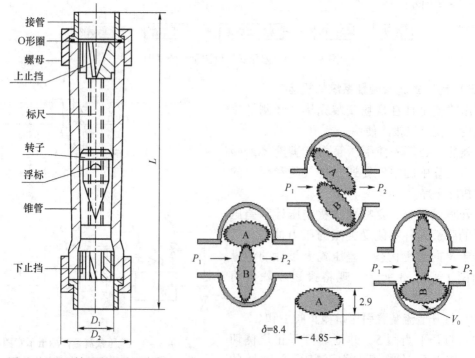

图1-3-4 转子流量计示意图　　　　图1-3-5 椭圆齿轮流量计原理图

当流体流过椭圆齿轮流量计时，由于要克服阻力将会引起压力损失，而使得出口侧压力 $P_2$ 小于进口侧压力 $P_1$，在此压力差作用下，产生作用力矩而使椭圆齿轮连续转动。

椭圆齿轮流量计的体积流量 $F_V$ 为

$$F_V = 4nV_0 \qquad\qquad (1-3-2)$$

式中　$n$——椭圆齿轮的转速；

　　　$V_0$——月牙形测量室容积。

可见，在 $V_0$ 一定的条件下，只要测出椭圆齿轮的转速 $n$，便可知道被测介质的流量 $F_V$。椭圆齿轮流量计特别适用于高黏度介质的流量监测，其测量精度很高（ $\pm 0.5\%$ ），压力损失小，安装使用较方便。目前椭圆齿轮流量计有就地显示和远传显示两种形式，配以一定的传动机构和积算机构，还可以记录或显示被测介质的总量。

3. 电磁流量计

应用法拉第电磁感应定律作为测量原理的电磁流量计，是目前化工生产中测量导电液体的常用仪表。图 1-3-6 为电磁流量计原理图，将一个直径为 $D$ 的管道放在一个均匀磁场中，并使之垂直于磁力线方向。管道由非导磁材料制成，如果是金属管道，内壁上要装有绝缘衬里。当导电液体在管道中流动时，便会切割磁力线。在管道两侧各插入一根电极，则可以引出感应电动势，其大小与磁场、管道和液体流速有关，由此可得出

$$F_v = \frac{\pi DE}{4B} \qquad\qquad (1-3-3)$$

式中　$E$——感应电动势；

　　　$B$——磁感应强度；

　　　$D$——管道内径。

显然，只要测出感应电动势 $E$，就可知道被测流量 $F_v$ 的大小。

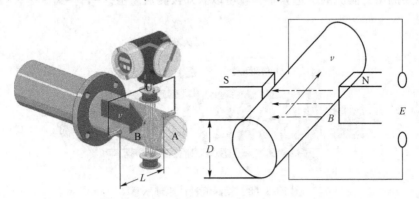

图 1-3-6　电磁流量计原理图

这种测量方法可测各种腐蚀性液体以及带有悬浮颗粒的浆液，不受介质密度和黏度的影响，但不能测量气体、蒸汽和石油制品等流量。

4. 涡轮流量计

涡轮流量计是一种速度式流量仪表，它具有结构简单、精度高、测量范围广、耐压高、温度适应范围广、压力损失小、维修方便、体积小、质量小的特点。一般用来测量封闭管道

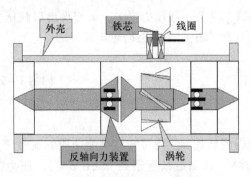

图 1 - 3 - 7　涡轮流量变送器结构示意图

中低黏度液体或其他的体积流量或总量。涡轮流量计由涡轮流量变送器和显示仪表两部分组成。其中，涡轮流量变送器包括壳体、涡轮、导流器、磁电感应转换器和前置放大器几部分，如图 1 - 3 - 7 所示。

被测流体冲击涡轮叶片，使涡轮旋转，涡轮的转速与流量的大小成正比。经磁电感应转换装置把涡轮的转速转换成相应的频率电脉冲，经前置放大器放大后，送入显示仪表进行计数和显示，根据单位时间内的脉冲数和累计脉冲数即可求出瞬时流量和累积流量。

5. 旋涡流量计

旋涡流量计是根据流体振动原理而制成的一种测量流体流量的仪表，它具有精度高、结构简单、无可动部件、维修简单、量程比宽、使用寿命长，几乎不受被测介质的压力、温度、密度、黏度等因素影响等特点，因而被广泛应用。旋涡流量计由测量管与变送器两部分组成，如图 1 - 3 - 8 所示。当被测流体进入测量管，通过固定在壳体上的螺旋导流架后，形成一股具有旋转中心的涡流。在螺旋导流架后测量元件处，因测量管逐渐收缩，而使涡流的前进速度和涡旋逐渐加强。在此区域内，流体中心是一束速度很高的旋涡流，沿着测量管中心线运动。在测量元件后，由于测量管内腔突然变大，流速突然急剧减缓，导致部分流体形成回流。这样，从收缩部分出来的旋涡流的旋涡中心，受到回流的影响后改变前进方向，于是，旋涡流不是沿着测量管的中心线运动，而是围绕中心线旋转，即旋进。旋进频率与流速成正比，只要测出旋涡流的旋进频率，就可以获知被测流量值。

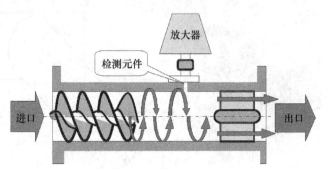

图 1 - 3 - 8　旋涡流量计原理示意图

**（五）各种流量测量元件及仪表的使用**

流量测量元件及仪表的选用应根据工艺条件和被测介质的特性来确定。要想合理选用测量元件及仪表，必须全面了解各类测量元件及流量仪表的特点和正确认识它们的性能。各类流量测量元件及仪表和被测介质特性关系如表 1 - 3 - 2 所示。

各种流量测量元件及仪表的选用可根据流量刻度或测量范围、工艺要求和流体参数变化及安装要求、价格、被测介质或对象的不同进行选择。

表 1-3-2　流量测量元件及仪表与被测介质特性的关系

| 仪表种类 | | 介质 | | | | | | | | | | | |
|---|---|---|---|---|---|---|---|---|---|---|---|---|---|
| | 孔板 | 清洁液体 | 脏污液体 | 蒸汽或气体 | 黏性液体 | 腐蚀性液体 | 腐蚀性浆液 | 含纤维浆液 | 高温介质 | 低温介质 | 低流速液体 | 部分充满管道 | 非流动液体 |
| 节流式流量计 | 孔板 | ○ | ● | ○ | ● | ◎ | × | × | ○ | ● | × | × | ● |
| | 文丘里管 | ○ | ● | ○ | ● | ● | × | × | ● | ● | ● | × | × |
| | 喷嘴 | ○ | ● | ○ | ● | ● | × | × | ○ | ● | ● | ● | × |
| | 弯管 | ○ | ● | ○ | × | ◎ | × | × | ○ | × | ◎ | × | ● |
| 电磁流量计 | | ○ | ○ | × | × | ◎ | ○ | ○ | | × | ◎ | × | ◎ |
| 旋涡流量计 | | ○ | ○ | ○ | ● | ◎ | × | × | ○ | ◎ | ◎ | × | ◎ |
| 容积式流量计 | | ○ | × | ○ | ○ | ● | × | × | ○ | ○ | ◎ | × | × |
| 靶式流量计 | | ○ | ◎ | ○ | ◎ | ◎ | ● | × | ◎ | ◎ | ● | × | ● |
| 涡轮流量计 | | ○ | ● | ○ | ◎ | ◎ | × | × | ○ | ◎ | ◎ | × | × |
| 超声波流量计 | | ○ | ● | × | ◎ | ◎ | × | × | ○ | ◎ | ◎ | × | × |
| 转子流量计 | | ○ | ● | ○ | ◎ | ◎ | × | × | ○ | × | ◎ | × | × |

注：○表示适用；◎表示可以用；●表示在一定条件下可以用；×表示不适用。

## 四、看一看案例

### （一）工作准备

（1）了解流量测量方法及测量仪表。

（2）熟悉标准节流装置的结构和工作原理及装配方法。

（3）掌握差压式流量测量系统的设计、选型及安装方法。

（4）掌握差压式流量测量系统投运方法。

### （二）设备、工具、材料准备

（1）DN50 标准环室孔板节流装置一套。

（2）差压变送器一台。

（3）导压管、阀门等安装组件一套。

（4）螺丝刀、扳手各一套。

（5）纸和笔、计算器。

### （三）实施

（1）差压式流量测量方法。

本任务采用的节流装置为标准孔板，通过角接取压实现。在管道内部装上节流件孔板，由于孔板的孔径小于管道内径，当流体流经孔板时，流束截面突然收缩，流速加快。孔板后端流体的静压力降低，在孔板前后产生静压力差，该静压力差与流过的流体流量之间有如下关系：

$$q_m = \alpha \cdot \varepsilon \cdot A_d \sqrt{2\rho \cdot \Delta P}$$

用差压变送器测量节流件前后的差压，就可实现对流量的测量。

（2）差压式流量测量系统的构成。

差压式流量测量系统由节流装置、差压变送器、导压管等构成，如图 1 - 3 - 9、图 1 - 3 - 10 所示。

图 1 - 3 - 9　标准节流装置示意图

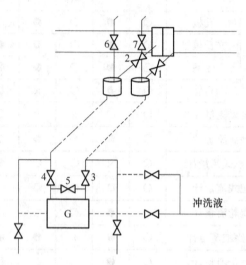

图 1 - 3 - 10　差压式流量测量系统组成示意图

（3）差压变送器的技术要求。

① 标志：铭牌标志完整，清晰；

② 正负压室有明显标记；

③ 计量性能要求如表 1 - 3 - 3 所示。

表 1 - 3 - 3　差压变送器的计量性能要求

| 准确度等级 | 基本误差限 | 回程误差限 |
|---|---|---|
| 0.5 | ±0.5 | 0.4 |
| 1.0 | ±1.0 | 0.8 |

注：表中的误差是输出量程的百分数。

图 1 - 3 - 11　标准孔板示意图

（4）节流装置的技术要求。

① 节流装置的明显部位应有流向标志、铭牌、产品名称、型号、制造日期和编号、公称通径、工作压力、节流孔径等技术参数。

② 具有节流装置和传感器的设计计算书及使用说明书。

③ 标准孔板形状如图 1 - 3 - 11 所示。

④ 孔板表面应光滑、边缘无卷边、毛刺及明显缺陷，开孔直径符合设计要求。

（5）标准环室孔板节流装置结构，如图 1 - 3 - 12 所示。

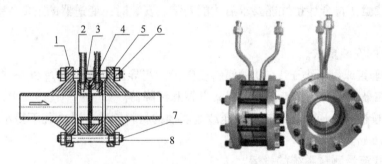

图 1 - 3 - 12　标准环室孔板节流装置结构示意图

1—法兰；2—导管；3—前环室；4—节流件；5—后环室；6—垫片；7—螺栓；8—螺母

（6）工作内容和步骤。

1）外观检查。

① 孔板标志应符合节流装置技术要求。

② 差压变送器应符合变送器技术要求。

2）对环室孔板进行装配时必须注意的事项。

① 新装管路系统，必须在管路冲洗或扫线后再进行节流件的安装。

② 孔板安装在 DN50 管道中，其前端必须有 1 000 mm 的直管段，端面必须与管道轴线垂直，开孔必须与管道同心，后端有 500 mm 的直管段。

③ 孔板的安装方向"→"符号应与流束的流动方向一致。

④ 节流装置安装在水平管线上时，环室取压口位置，根据介质性能确定方向，两个取压口应在同一水平面上，如图 1 - 3 - 13（a）、（b）所示。

⑤ 安装环室和孔板时应正确安放垫片（垫片要根据介质的性质来选取），所有垫片不能用太厚的材料，最好不超过 0.5 mm，垫片不能突出管壁内，否则可能引起很大的测量误差。

⑥ 紧固螺栓、螺母时应使孔板、环室均衡受力，以确保密封良好。

（7）差压变送器及附件安装。

本装置介质为水，DN50 管道按图 1 - 3 - 14 所示进行安装。

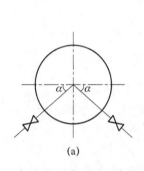

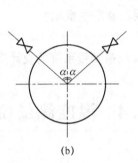

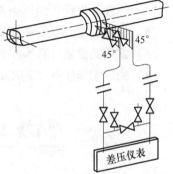

图 1 - 3 - 13　节流装置取压口示意图

（a）被测流体为液体时 $\alpha \leq 45°$；（b）被测流体为气体时 $\alpha \leq 45°$

图 1 - 3 - 14　差压变送器及附件安装示意图（被测液体为清洁液体，仪表在管道下方）

1）变送器的安装要求。

变送器经校验，符合计量性能要求后才能安装。安装时，变送器的正负压室要和导压管的正负相匹配。

2）导压管的安装要求。

① 导压管垂直或以不小于 1∶10 的倾斜度敷设，当导压管长度超过 30 m 时，导压管应分段倾斜，并在最高点和最低点分别装设集气器和沉降器。

② 导压管按被测介质性质，选择耐压或耐腐蚀的材料制造，其内径不得小于 6 mm，长度最好应小于 16 m。

（8）差压式流量测量系统的投运。

差压式流量计安装完毕，检查紧固件、接头、导压管、截止阀应无漏点，确定无误后，就可以进行投运。

① 系统检查：按说明书将各信号线正确连接，然后检查节流装置安装是否正确及各种附件上的螺母、差压变送器等的排气孔是否拧紧，当确保整套节流装置系统正确无误后，方可投入运行。

② 系统排污：在打开管道总阀门前，应先关闭系统的所有阀门，其次打开正压导压管路的根部阀及排污阀，正压管路吹扫干净后，关闭排污阀。然后打开负压导压管路的根部阀及排污阀，吹扫干净后，关闭排污阀。

③ 打开三阀组的中间平衡阀，再依次打开正压阀、负压阀。

④ 差压变送器调零：当导压管路内的介质充满并稳定时，检查显示表流量是否为零；如不为零，应对差压变送器进行零点调整。然后关闭三阀组的中间平衡阀。至此差压式流量计投运完成。

（9）工作结束后清理、打扫现场。

## 五、想一想、做一做

（1）差压式流量计在投运的时候要注意什么事项？

（2）差压式流量测量系统由几部分组成？

（3）常用的标准节流装置主要有哪几种？

（4）标准节流装置使用条件是什么？

（5）标准节流装置安装需要注意哪些事项？

（6）常用的流量计有哪些？

（7）完成工作任务"差压式流量测量系统的设计安装及投运"报告。

# 情境1.4  温度测量仪表的应用

**[引言]** 温度是表征物体冷热程度的物理量。在工业生产中，许多化学反应或物理反应都必须在规定的温度下才能正常进行，否则，将得不到合格的产品，甚至会造成生产事故。因此，温度的检测与控制是保证产品质量、降低生产成本、确保安全生产的重要手段。

## 一、学习目标

(1) 了解温度测量的基本知识。
(2) 掌握温标的基本知识。
(3) 掌握热电偶和热电阻的种类及工作原理。
(4) 会使用常用的电工工具。
(5) 了解温度显示仪表的使用方法。
(6) 掌握温度测量系统的设计、安装、调试。

## 二、工作任务

(1) 根据条件计算热电偶冷端温度补偿。
(2) 温度测量系统的设计、安装、调试。

## 三、知识准备

### (一) 测温仪表的分类

(1) 按测量范围把测量 600 ℃ 以上温度的仪表叫高温计，测量 600 ℃ 以下温度的仪表叫温度计。

(2) 按工作原理分为膨胀式温度计、热电偶温度计、热电阻温度计、压力式温度计、辐射高温计和光学高温计等。

(3) 按感温元件和被测介质接触与否分为接触式与非接触式两大类。其性能比较如表 1 -4 -1 所示。

表 1 -4 -1　测温仪表的分类及性能比较

| 测量范围 | | 温度计名称 | 简单原理及常用测温范围 | 优点 | 缺点 |
|---|---|---|---|---|---|
| 接触式 | 热膨胀 | 玻璃温度计 | 液体受热时体积膨胀<br>-100 ℃ ~600 ℃ | 价廉、精度较高、稳定性较好 | 易破损，只能安装在易观察的地方 |
| | | 双金属温度计 | 金属受热时线性膨胀<br>-50 ℃ ~600 ℃ | 示值清楚、机械强度较好 | 精度较低 |
| | | 压力式温度计 | 温包内的气体或液体因受热而改变压力<br>-50 ℃ ~600 ℃ | 价廉、最易就地集中检测 | 毛细管机械强度差，损坏后不易修复 |
| | 热电阻 | 热电阻温度计 | 导体或半导体阻值随温度而改变<br>-200 ℃ ~600 ℃ | 测量准确、可用于低温或低温差测量 | 与热电偶比，维护工作量大，振动场合容易损坏 |
| | 热电偶 | 热电偶温度计 | 两种不同金属导体接点受热产生热电势<br>-50 ℃ ~1 600 ℃ | 测量准确，和热电阻比，安装、维护方便、不易损坏 | 需要补偿导线，安装费用较高 |

| 测量范围 | | 温度计名称 | 简单原理及常用测温范围 | 优点 | 缺点 |
|---|---|---|---|---|---|
| 非接触式 | 热辐射 | 光学高温计 | 加热体的亮度随温度高低而变化 700 ℃~3 200 ℃ | 测温范围广，携带使用方便，价格便宜 | 只能目测，必须熟练才能测得比较准确的数据 |
| | | 光电高温计 | 加热体的颜色随温度高低而变化 50 ℃~2 000 ℃ | 反应速度快，测量较准确 | 构造复杂，价格高，读数麻烦 |
| | | 辐射高温计 | 加热体的辐射能量随温度高低而变化 50 ℃~2 000 ℃ | 反应速度快 | 误差较大 |

**（二）热电偶温度计**

热电偶温度计的测温原理是基于热电偶的热电效应。测温系统包括热电偶、显示仪表和导线三部分，如图 1-4-1 所示。

1. 热电偶的测温原理

热电偶是由两种不同材料的导体 A 和 B 焊接或绞接而成，连在一起的一端称作热电偶

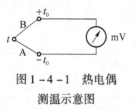

图 1-4-1 热电偶
测温示意图

的工作端（热端、测量端），另一端与导线连接，叫作自由端（冷端、参比端）。导体 A、B 称为热电极，合称热电偶。使用时，将工作端插入被测温度的设备中，冷端置于设备的外面，当两端所处的温度不同时（热端为 $t$，冷端为 $t_0$），在热电偶回路中就会产生热电势，这种物理现象称为热电效应。

热电偶回路的热电势只与热电极材料及测量端和冷端的温度有关，记作 $E_{AB}(t, t_0)$。且

$$E_{AB}(t,t_0) = E_{AB}(t) - E_{AB}(t_0) \qquad (1-4-1)$$

若冷端温度 $t_0$ 及两种热电极材料一定时，$E_{AB}(t_0) = C$ 为常数，则

$$E_{AB}(t,t_0) = E_{AB}(t) - C = f(t) \qquad (1-4-2)$$

即只要组成热电偶的材料和参比端的温度一定，热电偶产生的热电势仅与热电偶测量端的温度有关，而与热电偶的长短和直径无关。所以，只要测出热电势的大小，就能得出被测介质的温度，这就是热电偶温度计的测量原理。

当组成热电偶的两种导体材料相同时或热电偶两端所处的温度一样时，热电偶回路的总热电势为零。当使用第三种材质的金属导线连接到测量仪表上时，只要第三种导线与热电偶的两个接点温度相同，对原热电偶所产生的热电势就没有影响。

组成热电极的材料不同，所产生的热电势就不同，目前常用的热电偶及主要性能如表 1-4-2 所示。

表 1 - 4 - 2　常用热电偶及主要性能

| 热电偶名称 | 代号 | 分度号 | $E(100,0)$ /mV | 主要性能 | 测量范围/℃ | |
|---|---|---|---|---|---|---|
| | | | | | 长期使用 | 短期使用 |
| 铂铑 10 - 铂 | WRP | S | 0.645 | 热电性能稳定，抗氧化性能好，适用于氧化性和中性气氛中测量，但热电势小，成本高 | 20 ~ 1 300 | 1 600 |
| 铂铑 30 - 铂铑 6 | WRR | B | 0.033 | 参比端在 0 ℃ ~ 100 ℃范围内可以不用补偿导线，其他同上 | 300 ~ 1 600 | 1 800 |
| 镍铬 - 镍硅 | WRN | K | 4.095 | 热电势大，线性好，适于在氧化性和中性气氛中测量，价格便宜，是工业上使用最多的一种 | - 50 ~ 1 000 | 1 200 |
| 镍铬 - 铜镍 | WRK | E | 6.317 | 热电势大，灵敏度高，价格便宜，中低温稳定性好，适用于氧化或弱还原性气氛中测量 | - 50 ~ 800 | 900 |
| 铜 - 铜镍 | WRC | T | 4.277 | 低温时灵敏度高，稳定性好，价格便宜，适用于氧化和还原性气氛中测量 | - 40 ~ 300 | 350 |

　　各种热电偶热电势与温度的一一对应关系都可以从标准数据中查得，这种表称为热电偶的分度表。附录 2 给出了几种常用热电偶在不同温度下产生的热电势。

　　2. 热电偶的结构

　　热电偶一般由热电极、绝缘子、保护套管和接线盒等部分组成，如图 1 - 4 - 2 所示。绝缘子（绝缘瓷圈或绝缘瓷套管）分别套在两根热电极上，以防短路，再将热电极以及绝缘子装入不锈钢保护套管或其他材质的保护套管内，以保护热电极免受化学或机械损伤。参比端为接线盒内的接线端。

　　热电偶结构形式很多，除了普通热电偶外，还有薄膜式热电偶和套管式（或称铠装）热电偶。

　　3. 热电偶冷端温度的影响及补偿

　　热电偶分度表是在参比端温度为 0 ℃的条件下得到的。要使与热电偶相配合的显示仪表温度标尺或温度变送器的输出信号与分度表吻合，就必须保持热电偶参比端温度恒定为 0 ℃，或者对指示值进行一定的修正，或自动补偿，以使被测温度能真实

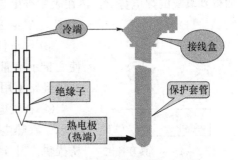

图 1 - 4 - 2　热电偶结构示意图

地反映在显示仪表上。

（1）利用补偿导线将冷端延伸。要对冷端温度进行补偿首先需要将参比端延伸到温度恒定的地方。由于热电偶的价格和安装等因素，使热电偶的长度非常有限，冷端温度易受工作温度、周围设备、管道和环境温度的影响，且这些影响很不规则，使冷端温度难以保持恒定。要将冷端温度放到温度恒定的地方，就要使用补偿导线法。

补偿导线通常使用廉价的金属材料做成，不同分度号的热电偶所配的补偿导线也不同，使用补偿导线将热电偶延长，把冷端延伸到离热源较远，温度又较低的地方。补偿导线的接线图如图 1 – 4 – 3 所示，各种补偿导线有规定的材料和颜色，以供配用的热电偶分度号使用。表 1 – 4 – 3 列出了常用热电偶补偿导线的型号、材料和绝缘层颜色等。

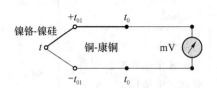 

图 1 – 4 – 3　补偿导线连接图

表 1 – 4 – 3　常用热电偶补偿导线

| 补偿导线型号 | 配用热电偶 | | 补偿导线材料 | | 补偿导线绝缘层颜色 | |
|---|---|---|---|---|---|---|
| | 名称 | 分度号 | 正极 | 负极 | 正极 | 负极 |
| SC | 铂铑 10 – 铂 | S | 铜 | 铜镍 | 红 | 绿 |
| KC | 镍铬 – 镍硅 | K | 铜 | 康铜 | 红 | 蓝 |
| EX | 镍铬 – 铜镍 | E | 镍铬 | 铜镍 | 红 | 棕 |
| TX | 铜 – 铜镍 | T | 铜 | 铜镍 | 红 | 白 |

（2）冷端温度补偿。虽然采用了补偿导线将冷端延伸出来了，但不能保证参比端温度恒为 0 ℃。为了解决这个问题，需要采用下列参比端温度补偿方法。

① 冰浴法。将补偿导电延伸到冰水混合物中。这种方法只适合实验室使用，在工业生产中使用很不方便。

② 查表法。当参比端温度不为 0 ℃时，被测介质的真实温度应根据所用仪表的指示温度值 $t'$，在分度表中查出对应的热电势 $E'$，再查出与冷端温度 $t_0'$ 相应的热电势 $E_0'$，两者相加得到真实的热电势 $E$，再在表中查出与 $E$ 对应的温度值，即为工作端的真实温度。即

$$E = E' + E_0' = E(t',0) + E(t_0,0) \qquad (1 – 4 – 3)$$

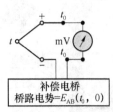

图 1 – 4 – 4　具有补偿
电桥的热电偶测温线路

③ 校正仪表零点法。断开测量电路，调整仪表指针的零点，使之指示室温，即参比端温度，再接通测量电路即可。此法在工业中经常使用，但测量精度低。

④ 补偿电桥法。此法是目前使用最多的方法。如图 1 – 4 – 4 所示，在热电偶测量电路中附加一个电势，该电势一般由补偿电桥提供。补偿电桥中有 4 个电阻，其中 3 个为锰铜绕制的等值的固定电阻，另一个为与补偿导线末端处于同一温度场中的铜电

阻。当环境温度变化时，该电桥产生的电势随之变化，而且在数值和极性上恰好能抵消冷端温度变化所引起的热电势的变化值，以达到自动补偿的目的。即在工作端温度不变时，如果冷端温度在一定范围内变化，总的热电势值将不受影响，从而很好地实现了温度补偿。

在现在工业中，参比端一般都延伸到控制室中，而控制室温度一般恒定在 20 ℃，所以，在使用补偿电桥法时，需先把仪表的机械零点预先调到 20 ℃。

### (三) 热电阻温度计

#### 1. 测量原理

热电阻温度计是基于金属导体的电阻值随温度的变化而变化的特性来进行温度测量的。热电阻的测温系统由热电阻、显示仪表、连接导线三部分组成，如图 1-4-5 所示。热电阻温度计适用于测量 -200 ℃ ~500 ℃ 范围内的液体、气体、蒸汽及固体表面温度。热电阻的输出信号大，比相同的温度范围内的热电偶温度计具有更高的灵敏度和测量精度，而且无须冷端补偿；电阻信号便于远传，较电势信号易于处理和抗干扰。但其连接导线的电阻值易于受环境温度的影响而产生测量误差，所以必须采用三线制接法。

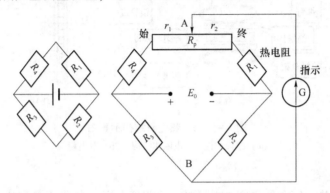

图 1-4-5 热电阻测温系统示意图

#### 2. 常用热电阻

作为热电阻材料，一般要求电阻系数大、电阻率大、热容量小、在测量范围内有稳定的化学和物理性质以及良好的复现性，电阻值应与温度呈线性关系。工业上常用的热电阻有铜热电阻和铂热电阻，其性能比较见表 1-4-4。

表 1-4-4 工业常用热电阻性能比较

| 名称 | 分度号 | 0 ℃电阻值/Ω | 特点 | 用途 |
|---|---|---|---|---|
| 铜热电阻 | Cu50 | 50 | 物理、化学性能稳定，使用性能好，电阻温度系数大、灵敏度高、线性好；电阻率小，体积大，热惰性较大、价格低 | 适用于测量 -50 ℃ ~150 ℃ 温度范围内各种管道、化学反应器、锅炉等工业设备中各种介质的温度，还可以用于测量室温 |
| | Cu100 | 100 | | |
| 铂热电阻 | Pt50 | 50 | 物理、化学性能较稳定，复现性好，精度高；在抗还原性介质中性能差，价格高 | 适用于 -200 ℃ ~650 ℃ 范围内各种管道、化学反应器、锅炉等工业设备的介质温度测量；可用于精密测量及作为基准热电阻使用 |
| | Pt100 | 100 | | |

### 3. 热电阻的结构

热电阻分为普通型热电阻、铠装热电阻和薄膜热电阻三种。普通热电阻一般由电阻体（感温元件）、保护管、接线盒、绝缘套管等部件构成，如图 1-4-6 所示。

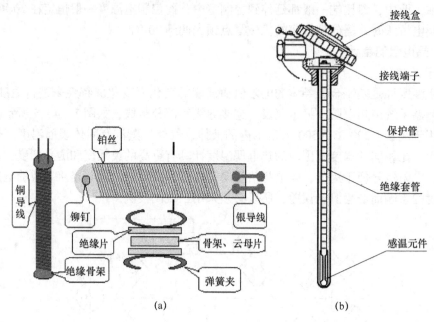

图 1-4-6　热电阻结构示意图

（a）感温元件——电阻体结构；（b）热电阻

### （四）温度变送器

温度变送器是单元组合仪表变送单元的一个重要品种，其作用是将热电偶或热电阻输出的电势值转换成统一标准信号，再送给单元组合仪表的其他单元进行指示、记录或控制，以实现对温度（温差）变量的显示、记录或自动控制。

温度变送器的种类很多，常用的有电动三型（DDZ-Ⅲ）温度变送器、智能型温度变送器等。DDZ-Ⅲ型温度变送器以 24 V DC 为电源，以 4~20 mA DC 为统一标准信号，其作用是将来自热电偶或热电阻或者其他仪表的热电势、热电阻阻值或直流毫伏信号，对应地转换成 4~20 mA DC 电流（或 1~5 V DC 电压）。由于热电偶的热电势和热电阻的电阻值与温度之间均呈非线性关系，使用中希望显示仪表能进行线性指示，需对温度变送器进行线性化处理。DDZ-Ⅲ型热电偶温度变送器采用非线性反馈实现线性化，DDZ-Ⅲ型热电阻温度变送器采用正反馈来实现线性化，保证输出电流与温度呈线性关系。如图 1-4-7 所示为温度变送器原理框图。

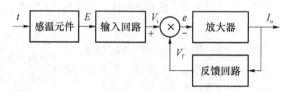

图 1-4-7　温度变送器原理框图

**（五）温度显示仪表**

温度显示仪表直接接受检测元件、变送器或传感器送来的信号，经测量线路和显示装置，对被测变量予以指示、记录或以字符、数据、图像显示，显示仪表按其显示方式分可分为模拟式、数字式和图像显示三大类。

**1. 模拟式显示仪表**

所谓模拟式显示仪表，就是以指针或记录笔的偏转角或位移量来模拟显示被测变量的连续变化的仪表。根据其测量线路，又可分为直接变换式（如动圈式显示仪表）和平衡式（如电子自动平衡式显示仪表）。其中电子自动平衡式又分为电子电位差计、电子自动平衡电桥。动圈式显示仪表在企业里已经不使用，这里就不做介绍。

目前工业上还有部分较新型的 ER180 系列自动平衡式显示仪表在使用，它可和热电阻、热电偶配合使用，从而实现对温度进行自动连续的检测、显示和记录。

（1）电子自动平衡电位差计。

电位差计测量热电势是基于电压平衡法，即用已知可变的电压去平衡未知的待测电压，实现毫伏电势测量，图 1-4-8 所示为电子电位差计的工作原理图，其测量桥路电源电压为 1 V，上支路工作电流 $I_1 = 4$ mA，下支路工作电流 $I_2 = 2$ mA，上支路总电阻为 250 Ω，下支路总电阻则为 500 Ω。

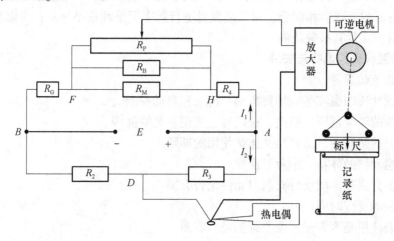

图 1-4-8　电子电位差计原理示意图

$R_2$ 为随参比端温度变化的铜线绕制电阻，起冷端温度补偿作用；$R_3$ 为下支路限流电阻，阻值固定不变，与 $R_2$ 一起限制下支路电流为 2 mA。滑线电阻 $R_P$ 和工艺电阻 $R_B$ 并联后总电阻值为固定值 90 Ω。$R_M$ 为量程电阻，与上支路限流电阻 $R_4$、调零电阻 $R_G$，共同限制上支路电流为 4 mA。

（2）电子自动平衡电桥。

电子自动平衡电桥通常与热电阻配合用于测量并显示温度，也可与其他能转换成电阻值变化的变送器、传感器等配合使用，测量并显示生产过程中的各种变量。

**2. 数字式显示仪表**

数字式显示仪表接收来自传感器或变送器的模拟量信号，在仪表内部经模/数（A/D）转换变成数字信号，再由数字电路处理后直接以十进制数码显示测量结果。数字式显示仪表具有测量速度快、精度高、抗干扰能力强、体积小、度数清晰、便于与工业控制计算机联用等特点，已经越来越普遍地用于工业生产过程中。

数字式显示仪表一般具有模/数转换、非线性补偿和标度变换三个基本部分。由于许多被测变量与工程单位显示值之间存在非线性函数关系，所以必须配以线性化单元进行非线性补偿；数字式显示仪表通常以十进制的工程单位方式或百分值方式显示被测变量。数字式显示仪表的性能指标中有分辨力和分辨率两个概念。所谓分辨力是指仪表显示值末位数字改变一个字所对应的被测变量的最小变化值；而分辨率是指仪表显示的最小数值与最大数值之比。

3. 无纸记录仪表（图像显示）

随着现代工业领域和电子信息技术领域的飞速发展，使得以微处理器为核心的新型显示记录仪表被广泛应用于社会各个行业中。无纸、无笔记录仪是一种以 CPU 为核心，采用液晶显示、无纸、无笔、无机械传动的记录仪。直接将记录信号转化为数字信号，然后送到随机存储器进行保存，并在大屏幕液晶显示屏上显示出来。记录信号由工业专用微处理器（CPU）进行转化、保存和显示，所以可随意放大、缩小地显示在显示屏上，观察、记录信号状态非常方便。必要时还可以将记录曲线或数据送往打印机打印或送微型计算机保存和进一步处理。该仪表输入信号种类较多，可以与热电偶、热电阻、辐射感温计或其他产生直流电压、直流电流的变送器相配合，对工艺变量进行数字记录和数字显示；可以对输入信号进行组态或编辑，并具有报警功能。

**（六）测温仪表的选择与安装**

1. 测温仪表的选择

（1）被测介质的温度是否需要指示、记录和自动控制。

（2）仪表的测温范围、精度、稳定性、变差及灵敏度等。

（3）仪表的防腐性、防爆性及连续使用的期限。

（4）测温元件的体积大小及互换性。

（5）被测介质和环境条件对测温元件是否有损坏。

（6）仪表的反应时间。

（7）仪表使用是否方便，安装维护是否容易。

2. 测温元件的安装

（1）当测量管道中的介质温度时，应保证测量元件与流体充分接触。因此要求测温元件的感温点应处于管道中流速最大处，且应迎着被测介质流向插入，不得形成顺流，至少应与被测介质流向垂直。

（2）应避免因热辐射或测温元件外露部分的热损失而引起的测量误差。安装时应保证有足够的插入深度，还要在测温元件外露部分进行保温。

（3）如工艺管道过小，安装测温元件处可接装扩大管。

（4）使用热电偶测量炉温时，应避免测温元件与火焰直接接触，应有一定的距离，同时不可装在炉门旁边。接线盒不能和炉壁接触，避免热电偶冷端温度过高。

（5）用热电偶、热电阻测温时，应避免干扰信号的引入。接线盒的出线孔向下，以防水汽、灰尘等进入而影响测量。

（6）测温元件安装在正压、负压管道或设备中时，必须保证安装孔的密封。

**3. 连接导线和补偿导线的安装**

（1）连线电阻要符合仪表本身的要求，补偿导线的种类及正、负极不要接错。

（2）连接导线和补偿导线必须预防机械损伤，应尽量避免高温、潮湿、腐蚀性及爆炸性气体与灰尘，禁止铺设在炉壁、烟筒及热管道上。

（3）为保护连接导线与补偿导线不受机械损伤，并削弱外界电磁场对电子式显示仪表的干扰，导线应加屏蔽。

（4）补偿导线中间不准有接头，且最好与其他导线分开敷设。

（5）配管及穿管工作结束后，必须进行核对与绝缘试验。

## 四、看一看案例

**（一）工作准备**

（1）了解温度测量基本知识。

（2）掌握热电偶和热电阻的种类及其测温原理。

（3）掌握温度测量仪表的使用方法。

（4）掌握温度测量系统的设计、安装、调试。

**（二）设备、工具、材料准备**

（1）DY 系列数字显示仪表一台。

（2）WZP－230 Pt100 热电阻一只、WRNK 分度号 K 热电偶一只、水银温度计一只。

（3）万能信号发生器。

（4）三芯电缆、补偿导线（K）若干。

（5）电工工具一套、万用表一只。

（6）纸、笔、计算器。

**（三）实施**

**1. 工作任务一**

根据题目的要求进行计算，对照参考答案，验证计算结果。

**【例 1－4－1】** 用一只镍铬－镍硅热电偶测量炉温，热电偶工作端温度为 800 ℃，自由端温度为 25 ℃，求热电偶产生的热电势 $E(800,25)$。

参考答案：由表可以查出　$E(800,0) = 33.277$ mV

$$E(25,0) = 1.000 \text{ mV}$$

则　　　　　　　　　　$E(800,25) = E(800,0) - E(25,0) = 32.277$ mV

**【例 1－4－2】** 某铂铑 10－铂热电偶（分度号为 S）在工作时，自由端温度 $t_0 = 30$ ℃，测得热电势 $E(t,t_0) = 14.195$ mV，求被测戒指的实际温度。

参考答案：由表可查出　$E(30,0) = 0.173$ mV

则　　　　　　$E(t,0) = E(t,30) + E(30,0) = 14.195 + 0.173 = 14.368$ mV

查表可得 14.368 mV 所对应的温度是 1 400 ℃。

**2. 工作任务二**

温度测量回路的设计、安装与调试。

（1）方法。

① 仪表外观检查。

热电阻、热电偶外观应良好；标志清晰；接线盒接线无松动、套管无漏点；

数字显示仪外观应良好；标志清晰；无松动、破损；无读数缺陷；仪表示值清晰等。

② 热电阻与数字显示仪的连接，其连接原理如图 1－4－9 所示。

③ 热电偶与数字显示仪的连接，其连接原理如图 1－4－10 所示。

图 1－4－9　热电阻与数字显示仪连接图　　图 1－4－10　热电偶与数字显示仪连接图

（2）内容与步骤。

1）仪表外观检查：按外观技术要求用目视观察。

2）热电阻的测试。

① 查看水银温度计温度，对照表 1－4－5，得到室温对应的 Pt100 电阻值。

② 拆开电阻体接线盒，用万用表电阻挡测量电阻体接线端，如果电阻体阻值≈室温电阻值，则电阻体合格，可用；如果电阻体阻值＝∞，则电阻体断路，不可用；如果电阻体阻值≈0，则电阻体短路，不可用。

3）热电偶的测试。

① 查看水银温度计温度，对照表 1－4－6，得到室温对应的分度号 K 的电势值。

② 拆开热电偶接线盒，用万用表电阻挡测量热电偶接线端，电阻＝0，用信号发生器 mV 挡测量热电偶接线端，如果热电偶电势值≈室温电势值，则热电偶合格，可用；如果电阻＝∞，则热电偶已断，不能用。

4）热电阻与数字显示仪连接测试。

① 按原理图 1－4－9 连接好线路，根据数字显示仪说明书检查线路是否正确。

② 接线无误，给数字显示仪接通电源，按厂家规定时间预热。

③ 数字显示仪表按说明书设定输入信号为 Pt100，量程范围为 0 ℃～100 ℃。

④ 将电阻体放置于少许冷水容器内，慢慢加入热水，观察数字显示仪表的变化。

⑤ 当数字显示仪表温度显示 50 ℃时，停止加入热水，并将水银温度计插入容器，观察水银温度计的温度是否与数字显示仪一致；记下数字显示仪温度，给数字显示仪断电，用万用表测量此时电阻体的电阻值，与表 1－4－5 对照，观察所测得电阻值对应的温度是否与数字显示仪温度一致。

⑥ 给数字显示仪接通电源，拆开电阻体接线盒，拆掉一根电线，观察此时数字显示仪显示的数值。

⑦ 给电阻体接好线，在电阻体套管内加入一些冷水，观察此时数字显示仪的显示数值。

5）热电偶与数字显示仪连接测试。

① 按原理图 1－4－10 连接好线路，根据数字显示仪说明书检查接线线路是否正确。

② 接线无误后，给数字显示仪接通电源，按厂家规定时间预热。

③ 数字显示仪表按说明书设定输入信号为热电偶 K，量程范围为 0 ℃ ~500 ℃。

④ 将热电偶放置于少许冷水容器内，慢慢加入热水，观察数字显示仪表的变化。

⑤ 当数字显示仪表温度显示 50 ℃ 时，停止加入热水，将水银温度计插入容器，观察水银温度计的温度是否与数字显示仪一致；记下数字显示仪温度，给数字显示仪断电，用万用表 mV 挡测量此时的热电偶电势值，与表 1 - 4 - 6 对照，观察所测得电势值对应的温度是否与数字显示仪温度一致。

⑥ 给数字显示仪接通电源，拆开热电偶接线盒，拆掉一根电线，观察此时数字显示仪显示的数值。

⑦ 拆开热电偶接线盒，将补偿导线正负极对换，观察此时数字显示仪显示的数值。

（3）工作报告格式和内容。

① 目的及要求。

② 绘制原理接线图。

③ 工作原始数据记录，数据处理及结果。

④ 对工作中出现的现象进行分析。

（4）工作结束后清理、打扫现场。

表 1 - 4 - 5　铂电阻分度表（$R_0$ =100.00 Ω　分度号：Pt100）

| 温度<br>t/℃ | 0 | 10 | 20 | 30 | 40 | 50 | 60 | 70 | 80 | 90 |
|---|---|---|---|---|---|---|---|---|---|---|
| | 热电阻值/Ω | | | | | | | | | |
| +0 | 100.00 | 103.90 | 107.79 | 111.67 | 115.54 | 119.40 | 123.24 | 127.07 | 130.89 | 134.70 |
| 100 | 138.50 | 142.29 | 146.06 | 149.82 | 153.58 | 157.31 | 161.04 | 164.76 | 168.46 | 172.16 |

表 1 - 4 - 6　镍铬 - 镍硅热电偶分度表（分度号：K）

| 温度<br>t/℃ | 0 | 10 | 20 | 30 | 40 | 50 | 60 | 70 | 80 | 90 |
|---|---|---|---|---|---|---|---|---|---|---|
| | 热电偶电势值/μV | | | | | | | | | |
| +0 | 0 | 397 | 798 | 1 203 | 16 111 | 2 022 | 2 436 | 2 850 | 3 266 | 3 681 |
| 100 | 4 095 | 4 508 | 4 919 | 5 327 | 5 733 | 6 137 | 6 539 | 6 939 | 7 388 | 7 737 |
| 200 | 8 137 | 8 537 | 8 938 | 9 341 | 9 745 | 10 151 | 10 560 | 10 969 | 11 381 | 11 793 |

## 五、想一想、做一做

（1）在工作任务二中，水银温度计指示温度如果与数字显示仪（配 Pt100）温度相差 3 ℃ ~5 ℃，分析造成误差的原因。

（2）在工作任务二中，分别用一般电缆和补偿导线作为热电偶与数字显示仪的连接导线，结果会有什么不同。

（3）完成任务二的工作报告。

（4）热电偶产生的热电势是如何表示的？已知分度号为 E 的热电偶工作端温度 $t$ =600 ℃，参比端温度 $t_0$ =25 ℃，问 $E(t, t_0)$ 为多少毫伏？

(5) 热电偶与显示仪表连接时为什么要采用补偿导线？使用补偿导线应注意哪些问题？

(6) 用镍铬－铜镍热电偶测温时，如果冷端温度为 0 ℃，测得的热电势为 37.808 mV，问被测温度是多少度？当参比端温度为 30 ℃时，如果测得的热电势仍然为 37.808 mV，求被测温度是多少？

(7) 某反应器的反应温度为 (500 ±5) ℃，介质为还原性气体，试确定测温元件的分度号，显示仪表的精度等级和测量范围。

(8) 什么叫参比端温度补偿？参比端温度补偿的方法有哪几种？如何实现补偿？

(9) 热电阻温度计由哪几部分组成？工业常用的热电阻有几种？试写出它们的分度号。

(10) 常用的热电偶有哪几种？相应的补偿导线是什么材料？

# 情境 1.5　成分测量仪表的应用

[引言] 在工业生产中，物质成分是最直接的控制指标。目前对成分进行分析的方式有两种：一是人工分析，由分析人员在现场取样，到实验室中进行分析，得出结果后，告知操作人员进行生产控制，这种方式滞后大，只能间歇进行；另一种方式是使用自动成分分析仪表进行在线分析，操作人员直接从仪表盘上连续地看到被测成分的变化，进行生产控制。

自动成分分析仪是指在工业生产中对物质成分和性质进行自动分析和检测的仪器仪表。近年来随着新技术、新工艺、新材料、新元件等在成分分析仪表中的应用，自动成分分析仪表得到了较快的发展，其在生产过程控制中的应用也越来越普遍。

## 一、学习目标

(1) 了解成分测量的基本知识。

(2) 了解成分分析仪表的种类及工作方式。

(3) 掌握 RD－004 型氢分析器的工作原理。

(4) 会使用常用的电工工具。

## 二、工作任务

数字显示仪表的示值校验。

## 三、知识准备

### (一) 成分分析仪表的分类

成分分析仪表是对各种物质的成分、含量以及某些物质的性质进行检测的仪表，通常对成分仪表的分类有以下两种方法，如表 1－5－1 所示，列出了常用的自动成分分析仪表的基本原理和主要用途。

(1) 按工作原理：分为热学式、磁电式、电化学式、光学式、色谱式和射线式等。

(2) 按使用场合：分为实验室分析仪和生产过程在线自动分析仪等。

表 1 – 5 – 1　常用自动成分分析仪表的基本原理和主要用途

| 分析仪器名称 | 测量原理 | 主要用途 |
|---|---|---|
| 热导式气体分析仪 | 气体导热系数不同 | 可测氢、一氧化碳、二氧化碳、氨气、二氧化硫等气体 |
| 磁氧分析仪 | 气体磁化率不同 | 可测氧气 |
| 氧化锆氧分析器 | 高温下氧离子的导电性能 | 可测氧气 |
| 电导式分析器 | 溶液电导随浓度变化的性质 | 测酸碱盐浓度、水含盐量、二氧化碳等 |
| 工业酸度计 | 电极电势随 pH 值变化的性质 | 测酸、碱、盐水溶液的 pH 值 |
| 红外线气体分析器 | 气体对红外线吸收的差异 | 分析气体中的一氧化碳、二氧化碳、甲烷含量 |
| 工业气相色谱仪 | 各种气体分配系数的不同 | 测量混合气体中各组分 |
| 工业光电比色计 | 有色物质对可见光的吸收 | 测量有色物质的浓度、铜离子浓度 |

## （二）成分分析仪表的组成

成分分析仪表一般由以下 6 部分组成。

（1）自动取样系统：将被测介质（样品）快速地取出并引入分析仪表的入口处。

（2）试样预处理系统：对待分析样品进行过滤、稳压、冷却、干燥、定容、稀释、分离等预处理操作，使待测样品符合检测条件，以保证分析仪器准确、可靠和长期工作。

（3）检测器：根据物理或化学原理将被测组分转换成对应的电信号输出。

（4）信息处理系统：对检测器给出的微弱电信号进行放大、转换、线性补偿等信息处理工作。

（5）显示器：采用模拟、数字或屏幕显示器对信号进行显示和记录，输出成分分析结果。

（6）整机自动控制系统：对整个成分分析仪表的各部分的工作进行协调，并具有调零、校验、报警、故障显示或故障自动处理等功能。

以上 6 个部分是对大型的分析仪器而言的，并非所有的过程分析仪表都包括这 6 个部分。如有的将检测部分直接放入试样中，不需要自动取样和试样的预处理；有的则需要相当复杂的自动取样和试样预处理系统。

## （三）热导式气体分析仪

热导式气体分析仪是利用气体热导率的不同来检测混合气体中某种组分气体的百分含量，它的种类很多，应用较广，常用来自动分析混合气体中的氢气、一氧化碳、二氧化碳、氨气、二氧化硫等多种气体的百分含量。

1. 基本原理

从热力学中可知，不同的气体具有不同的热传导性能，通常用热导率来描述。对于不发生化学反应的多组分混合气体而言，总的热导率为各组分热导率平均值之和。混合气体的热导率随混合气体中各组分的百分含量而改变。热导式气体分析仪就是利用混合气体中的不同组分的热导率不同，以及混合气体的热导率随所分析组分的百分含量而改变这一物理特性来工作的。利用热导式成分分析仪分析混合气体中某种成分的百分含量，必须满足下列条件。

（1）待测组分的热导率与其他组分的热导率相比有显著区别。差别越大，测量的精确度越高。

（2）非混合待测组分的热导率要尽可能相同或十分接近。

（3）混合气体应具有较恒定的温度。因为气体的热导率与温度有关，必须保证温度在一定范围内恒定才能保证上面两条件的实现。

由于热导式气体分析仪是通过对混合气体热导率的测量来分析待测组分百分含量的，而气体的热导率很小，直接测量非常困难。在实际检测时，将其转变为导体电阻阻值的变化来加以测量。

2. RD-004型氢分析器

RD-004型氢分析器是一种热导式气体成分分析仪表，常用于连续自动分析、指示、记录生产过程中混合气体中氢的百分含量。

（1）工作原理。

检测气体热导率的是一个用铂丝电阻作为工作桥臂和参比桥臂的不平衡电桥，工作原理图如图1-5-1所示，参比桥臂室$R_2$和$R_4$内充满标准气体（氢气），被测气体流过工作桥臂室$R_1$和$R_3$，电桥各桥臂加载稳定电流，加热至一定温度。当被测气体浓度为100%氢气时，各桥臂温度一样，阻值相等，电桥平衡，显示仪表指示100%氢气。当被测气体中氢气的浓度变化时，混合气体的导热系数发生变化，工作桥臂$R_1$和$R_3$的温度及电阻也随之发生变化，电桥失去平衡输出一个信号值，显示仪表指示出相应的气体浓度值。

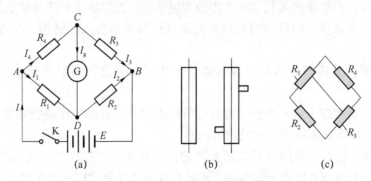

图1-5-1　热导式气体分析器原理示意图

（a）测量电桥；（b）参比桥臂；（c）测量桥臂

（2）传感器。

RD-004型传感器，就是将测量电桥的4个桥臂都放在同一块导热性能良好的桥体材料中，传感器的全部元件装在塑料底座上，上面罩以铸铝钟罩。在桥体上有两组互相对称的气室，一组为参比气室，其中封有氢气的标准气样，并在其中悬挂铂丝；另一组为测量气室，气室中有气路，构成扩散对流式传感器的结构。如图1-5-2所示为RD-004型传感器结构示意图。

（3）RD-004型氢分析器要求对试样做稳压、过滤等预处理，如图1-5-3所示。气样从工艺管道1中取出，经针形阀2减压。为保证测量精度，需对气样进行稳压，因此，气样先进入水封3进行稳压后，再进行二级稳压阀稳压，保证压力的稳定，过滤干燥器4（内装硅胶）使气样过滤干燥后进入检测器（传感器），经转子流量计后放空，可以通过调节限流阀（针形阀）的开度来控制检测器中气样的流量大小。

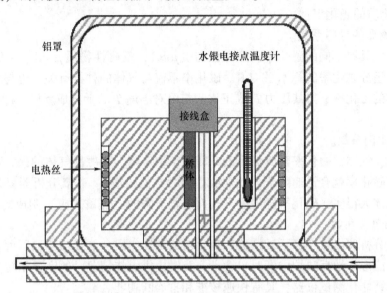

图 1-5-2　RD-004 型传感器结构示意图

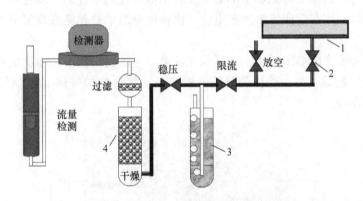

图 1-5-3　试样预处理系统示意图

1—工艺管道；2—针形阀；3—水封；4—过滤干燥器

### （四）氧分析器

在工业生产中，燃烧过程及氧化反应过程中氧含量的测定和控制，对产品产量、质量及降低消耗等指标都直接产生重要的影响。随着生产的发展，对氧含量测量范围和测量精度的要求越来越高。目前在工业生产中，用于测量氧含量的仪表主要有磁氧分析器和氧化锆氧分析器。

#### 1. 磁氧分析器

磁氧分析器是利用氧气与其他各种常见气体相比具有大得多的磁化率这一特性制成的，可连续测量工业气体中的氧含量。任何物质，在外磁场的作用下都能被磁化。不同气体被磁化的结果是在外磁场的作用下被吸引或被排斥。能被磁场吸引的特性称为顺磁性气体，如氧气是常见的各种气体中顺磁性最大的气体；被磁场排斥的称为反磁性气体。物质的磁性通常用磁化率 $\chi$ 表示，它与磁感应强度 $B$ 和导磁系数 $\mu$ 有下列关系

$$B = (1 + 4\pi\chi)H = \mu H \qquad\qquad (1-5-1)$$
$$\mu = 1 + 4\pi\chi \qquad\qquad (1-5-2)$$

式中　$\chi$——物质的磁化率；

$\mu$——物质的导磁系数。

不同的物质具有不同的磁化率，顺磁性物质 $\mu > 1$，反磁性物质 $\mu < 1$。多组分混合气体的磁化率是各组分磁化率的算术平均值。磁化率不仅与气体的种类有关，也与其状态参数有关。任何气体的磁化率 $\chi$ 与其压力 $P$ 成正比、与绝对温度 $T$ 的平方成反比，即

$$\chi = CP/T^2 \qquad\qquad (1-5-3)$$

式中　$C$——比例系数。

由上可知，气体的磁化率随其温度的升高而很快下降。顺磁性气体的最大特点就是当温度升高时，其磁化率就会迅速降低，此现象称为"热磁效应"。磁氧分析器就是基于氧的磁化率比其他气体大得多，磁化率随温度升高而急剧下降的"热磁效应"制成的。

2. 氧化锆氧分析器

氧化锆氧分析器由数字显示转换器和氧化锆检测器组成。氧化锆检测器可直接插入烟道内进行测量，能准确地反映炉内即时氧含量，及时提供燃烧情况。数字显示转换器是以微处理器为核心的智能化测试仪器，具有快速核准和自诊断功能。

氧化锆氧分析器是基于电化学中的氧浓度差电池原理而设计的。氧化锆是一种固体电解质，具有陶瓷性质，用它组成氧浓度差电池。固体电解质的氧化锆在高温下具有良好的氧离子导电性。

氧浓度差电池示意图如图 1-5-4 所示。浓度差电池的一侧由铂参比电极和已知氧气含量气样（如空气）组成，另一侧由测量铂电极和未知氧含量的气体（被测气体）组成；两极中间由氧化锆连接。

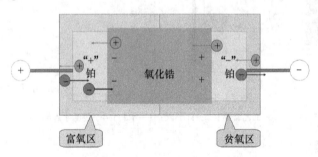

图 1-5-4　氧浓度差电池示意图

当电池两侧混合气体中的氧气含量不同时，在两个电极间产生氧浓度差电势。氧分子在氧浓度高的阴极上获得电子而成为氧离子，通过固体电解质到达阳极，并在阳极上释放电子，又变成氧分子。氧化锆氧分析器在一定温度下，测量侧的氧浓度和参比侧中氧浓度之比的对数与两极间电势 $E$ 成正比，根据 $E$ 的值可以求得被测气体中氧气的浓度。

（五）工业电导仪

工业电导仪通过检测溶液的电导来间接地测量溶液的浓度，如图 1-5-5 所示。一般情况下用来测量酸、碱、盐等溶液的浓度，称为浓度计；直接用来指示溶液的电导时，称为电导仪；当用来检测蒸汽和水中盐的浓度时，称为盐量计。

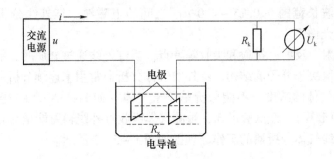

图 1 – 5 – 5  工业电导仪测量示意图

溶液的电导率不仅取决于溶液的性质，还取决于溶液的浓度。对某一特定的溶液，当浓度不同时，其电导率也不同。由两个电极组成的用以对溶液电导进行检测的设备，称为电导池。因两极之间溶液的电导（或电阻 $R$）与溶液的浓度有关，这样就可将溶液浓度的检测转换成对溶液电导的测量。

工业电导仪主要由电导检测器、转换器和显示仪表组成，可用来测量液体中含盐量、锅炉给水的电导率等。

**（六）工业酸度计**

工业酸度计属于电化学分析仪器，可直接自动地检测溶液酸碱度。对溶液的酸碱度都用统一的氢离子浓度来检测，故也称为 pH 计。

测定溶液的 pH 值，工业上使用电位法原理所构成的 pH 值测定仪，是由电极组成的发送部分和电子部件组成的检测部分所构成，如图 1 – 5 – 6 所示。

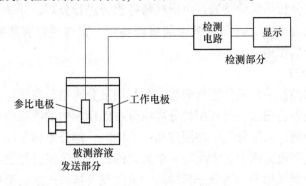

图 1 – 5 – 6  pH 计组成示意图

发送部分是由参比电极和工作电极组成。当被测溶液流经发送部分时，电极和被测溶液就形成一个化学电池，两电极间产生电势，电势的大小与被测溶液的 pH 值成对应的函数关系。所以，发送部分是一个转换器，将被测溶液的 pH 值转换成电信号，送到指示记录仪表中，将被测溶液的 pH 值显示出来，进行记录和调节。

**（七）红外线气体分析器**

红外线气体分析器是根据气体对红外线的吸收原理制成的一种物理式分析仪器，能连续测量被测气体中某一组分的含量。

红外线是一种波长范围在 0.75 ~ 420 μm 之间的电磁波。红外线分析器主要利用 2 ~ 10 μm 之间的一段光谱。

红外线具有辐射、反射、折射和吸收等特点。当红外线通过介质时，能被某些分子所吸收，其吸收的波长取决于分子的结构。红外线气体分析器常用来连续分析混合气体中的 CO、$CO_2$、$NH_3$、$CH_4$ 等气体的浓度，不能分析单原子气体（如 He、Ne、Ar 等）和双原子气体（如 $N_2$、$H_2$、$O_2$、$Cl_2$ 等），经试验可知，被测气体吸收红外线辐射能量与介质投射层的厚度和浓度有关。红外线气体分析器的工作原理图如图 1 - 5 - 7 所示。

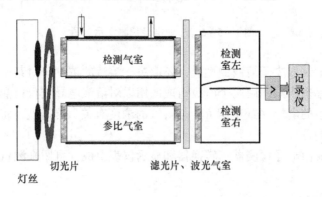

图 1 - 5 - 7　红外线气体分析器原理示意图

### (八)　工业气相色谱仪

1. 色谱分析的基本原理

色谱分析是使被分析的混合物通过色谱柱将各组分进行分离，并通过适当的检测器进行测定。色谱柱是一根内径为 1 ~ 6 mm 的金属或玻璃管，管内填充有某种填料，这些填料对一定的混合物具有分离作用。

2. 色谱柱分离原理

气相色谱柱有两种：一种是分配色谱法，是利用被分离组分在固定相中溶解度的差异而工作的；另一种是吸附色谱法，是利用被分离组分在固定相中的吸附效率不同而工作的。

以气相色谱法为例，某组分气体在固定相中流动时，部分溶解于固定相中，使得这种组分在液体固定相和气态流动相中的浓度有一个固定的比例。该组分经过不断反复进行溶解和解析，最后全部返回到气相中。当取分析样品少量由载气携带进入色谱柱后样品中的一部分就溶解在固定相中，留下的一部分继续随载气一起流动。样品中各组分的溶解度的不同决定了它们在色谱柱中移动的速度不同，最后使各组分按溶解度从小到大顺序依次分别从色谱柱出来，达到分离的目的。

3. 色谱图

样品经色谱柱分离后，由检测器把各组分的浓度转化成电信号，然后传送给电子记录仪记录。由记录仪描绘出信号随时间变化的曲线叫色谱图，如图 1 - 5 - 8 所示。色谱图是研究色谱过程，进行定性定量分析的依据。图中横坐标代表时间，纵坐标代表信号大小（mV）。图中 $O't'$ 线称为基准线，为没有样品检测输出的曲线；$h$ 代表峰高；$Y$ 为峰宽；$Y_{03}$ 为半峰宽；$t_M$ 为死时间；$t_R$ 为保留时间；$t'_R$ 为调整保留时间。

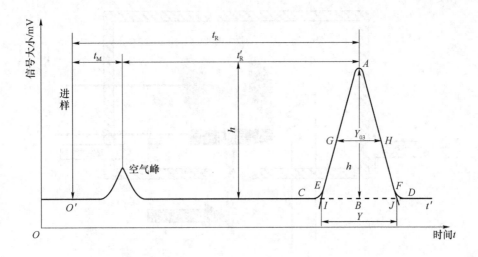

图 1 - 5 - 8　色谱图

## 4. 检测器

检测器是工业色谱仪的主要部件之一，其作用是将从色谱仪流出组分的浓度或量的变化转换成相应的电信号，并经放大器放大后供记录仪或由数据处理装置进行求积、显示、打印。检测器种类很多，目前常用的主要有热导式检测器（浓度型）、氢焰离子化检测器（质量型）。热导式检测器结构简单、性能稳定、操作方便，对无机、有机样品均适应，且不破坏样品；而氢焰离子化检测器是一种对质量敏感的、仅对有机碳化合物适应的检测器，且破坏样品。它们的结构如图 1 - 5 - 9、图 1 - 5 - 10 所示。

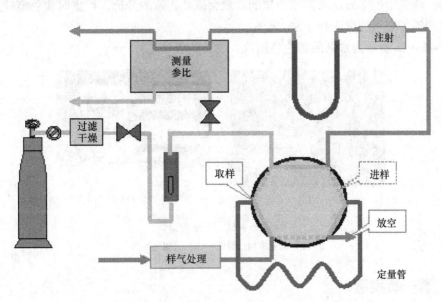

图 1 - 5 - 9　热导式检测器结构示意图

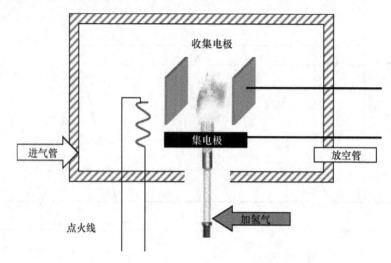

图 1 - 5 - 10　氢焰离子化检测器结构示意图

### 5. 色谱仪的运行

当把需要确定的变量全部写入仪器后，即可投入"自动"运行方式。但在运行时要注意下列问题。

（1）样品的预处理：工业生产现场的样品情况复杂，其温度、压力、物理状态、杂质含量、水分含量多变，一般均不能满足工业色谱仪对样品的要求，所以要进行样品的预处理，不经过预处理的样品会对仪器造成危害，影响其长期正常运行。

（2）载气的纯度：载气是工业色谱仪运行时必不可少的气体，它的纯度将直接影响测量的精度。载气中的水分以及其他杂质的含量会破坏正常的分析，严重时使色谱柱失效。用于热导检测器的载气纯度应高于 99.95%。

图 1 - 5 - 11 所示为常见的工业色谱仪。

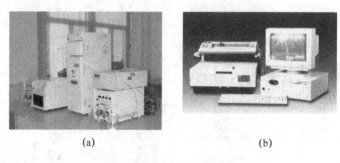

(a)　　　　　　　　　　　　(b)

图 1 - 5 - 11　工业色谱仪

（a）高效液相色谱仪；（b）气相色谱仪

## 四、看一看案例

### （一）工作准备

（1）了解成分测量基本知识。

（2）了解成分分析仪表的种类及工作方式。

(3) 掌握 RD – 004 型氢分析器的工作原理。

(4) 会使用常用的电工工具。

(5) 了解数字显示仪表的工作原理及基本操作步骤。

(6) 掌握数字显示仪表与电阻体连接及示值校验方法。

**（二）设备、工具、材料准备**

(1) DY 系列数字显示仪表一台。

(2) WZP – 230 Pt100 热电阻一只。

(3) 实验室直流电阻箱 ZX78 一台。

(4) 三芯电缆若干。

(5) 电工工具一套、万用表一只。

(6) 纸、笔、计算器。

## （三）实施

1. 技术要求

(1) 外观。

外观应良好；标志清晰；无松动、破损；无读数缺陷；仪表示值清晰等。

(2) 绝缘电阻。

在环境温度为 15 ℃ ~ 35 ℃，相对湿度为 45% ~ 74% 的条件下，仪表的电源、输入、输出、接地端子（或外壳）相互之间（输入端子与输出端子间不隔离的除外）的绝缘电阻应不低于 20 MΩ。

(3) 基本误差。

含有准确度等级的表示方式为：

$$\Delta = \pm\alpha\% \text{FS} \tag{1 – 5 – 4}$$

式中　$\Delta$——允许基本误差（℃）；

　　　$\alpha$——准确度等级；

　　　FS——仪表量程，测量范围的上、下限之差（℃）。

(4) 稳定度误差。

仪表显示值的波动量一般不大于其分辨力；

短时间示值漂移：1 h 内示值漂移不能大于允许基本误差的1/4。

2. 原理

校验采用输入被检点标称电量值法。

数字显示仪表与电阻箱采用三线制连接，根据仪表分度号，通过改变电阻值，在数字显示仪表上显示温度的变化值。接线原理如图 1 – 5 – 12 所示。

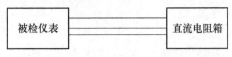

图 1 – 5 – 12　配三线制热电阻接线示意图

**3. 工作内容与步骤**

（1）仪表外观检查：按外观技术要求用目视观察。

① 仪表外形结构完好。仪表名称、型号、规格、测量范围、分度号、制造厂名、出厂编号、制造年月等均有明确的标志。

② 仪表外露部分不应有松动、破损；数字指示面板不应有影响读数的缺陷。

③ 仪表倾斜时内部不应有零件松动的响声。

④ 仪表显示值应清晰、无叠字、亮度应均匀，不应有不亮、缺笔画等现象；小数点和极性、过载的状态显示应正确。

（2）绝缘电阻的校验。

仪表电源开关处于接通时，将各电路本身端钮短路，用额定电压为 500 V 的绝缘电阻表，在环境温度为 15 ℃ ~ 35 ℃，相对湿度 45% ~ 74% 的条件下，对仪表的电源、输入、输出、接地端子（或外壳）相互之间的部位进行测量。测量时，应稳定 5 s，读取绝缘电阻值。

（3）基本误差的校验。

① 按原理图接线。

② 接通电源，按厂家规定时间预热，一般为 15 min。

③ 按数字显示仪表说明书，对仪表输入信号设定为：Pt100；量程范围：0 ℃ ~ 100 ℃。

④ 根据表 1 – 5 – 2，从下限开始增大输入信号（上行程时），分别给仪表输入各被检点温度所对应的标称电量值，读取仪表相应的指示值，直至上限；然后减小输入信号（下行程时），分别给仪表输入各被检点温度所对应的标称电量值，读取仪表相应的指示值，直至下限。下限值只进行下行程的校验，上限值只进行上行程的校验。

一般校验点取 5 个点，分别为全量程的 0%、25%、50%、75%、100%。

用同样的方法重复测量一次，取两次测量中误差最大的作为仪表的最大基本误差。

⑤ 基本误差计算：

$$\Delta = \pm \alpha\% \, \mathrm{FS}$$

⑥ 稳定度的校验。

显示值的波动：仪表预热后，输入信号使仪表显示值稳定在量程的 80% 处，在 10 min 内，显示值不允许有间隔计数顺序的跳动，读取波动范围 $\delta t$，以 $\delta t/2$ 作为该仪表的波动量。

短时间示值漂移：仪表预热后，输入信号 50% 量程所对应的电量值，读取此值 $t_0$，以后每隔 10 min 测量一次（测量值 $t_i$ 为 1 min 之内 5 次仪表读数的平均值），历时 1 h，取 $t_i$ 和 $t_0$ 之差绝对值最大的值，作为该仪表短时间示值漂移量。

（4）试验原始记录。

按照表 1 – 5 – 3 所示，填写原始记录。

（5）工作报告格式和内容。

① 目的及要求。

② 原理接线图。

③ 原始数据记录，数据处理及试验结果。

④ 对工作中出现的现象进行分析。

（6）工作完成后清理、打扫现场。

**表 1-5-2　铂电阻分度表（$R_0 = 100.00\ \Omega$　分度号：Pt100）**

| 温度 $t/℃$ | 0 | 10 | 20 | 30 | 40 | 50 | 60 | 70 | 80 | 90 |
|---|---|---|---|---|---|---|---|---|---|---|
| | 热电阻值/$\Omega$ | | | | | | | | | |
| -0 | 100.00 | 96.09 | 92.16 | 88.22 | 84.27 | 80.31 | 76.33 | 72.33 | 68.33 | 64.30 |
| +0 | 100.00 | 103.90 | 107.79 | 111.67 | 115.54 | 119.40 | 123.24 | 127.07 | 130.89 | 134.70 |
| 100 | 138.50 | 142.29 | 146.06 | 149.82 | 153.58 | 157.31 | 161.04 | 164.76 | 168.46 | 172.16 |
| 200 | 175.84 | 179.51 | 183.17 | 186.82 | 190.45 | 194.07 | 197.69 | 201.29 | 204.88 | 208.45 |

**表 1-5-3　数字显示仪试验原始记录**

校验日期：　　　　　　　　　指导老师：

校验人：　　　　　　　　　　同组人：

被检表名称：　　　　　　　　型号：　　　　　　　　　分度号：

测量范围：　　　　　　　　　准确度等级：　　　　　　分辨力：

标准仪器名称：　　　　　　　室温：　　　　　　　　　相对湿度：

| 被检点温度 | 相对应的标准仪器读数 | 行程 | I | II | 误差 |
|---|---|---|---|---|---|
| | | | 显示值 | 显示值 | |
| ℃ | $\Omega$ | | ℃ | ℃ | |
| | | 上 | | | |
| | | 下 | | | |
| | | 上 | | | |
| | | 下 | | | |
| | | 上 | | | |
| | | 下 | | | |
| | | 上 | | | |
| | | 下 | | | |
| | | 上 | | | |
| | | 下 | | | |

外观＿＿＿＿＿＿＿＿＿；基本误差：允许值＿＿＿＿＿＿＿＿，实际最大误差＿＿＿＿＿＿＿＿；显示值波动量＿＿＿＿＿＿＿＿；短时间示值漂移＿＿＿＿＿＿＿＿；绝缘电阻＿＿＿＿＿＿＿＿；校验结论＿＿＿＿＿＿＿＿。

## 五、想一想、做一做

（1）热导式气体分析仪的使用条件是什么？

（2）自动成分分析仪表由哪几部分组成？各部分的作用是什么？

(3) 按照要求完成工作任务的工作报告。

(4) 氧化锆为什么能测量氧气？氧化锆氧分析器的主要用途是什么？

(5) 工业电导仪可以测量什么物理量？

(6) 工业酸度计的主要工作原理是什么？为什么又称为 pH 计？

# 情境 1.6　传感器的应用

[引言] 能感受规定的被测量并按照一定的规律转换成可输出信号的器件或装置被称为传感器，通常由敏感元件和转换元件组成。其中敏感元件是指传感器中能直接感受或响应被测量的部分；转换元件是指传感器中能将敏感元件感受或响应的被测量转换成适于传输或测量的电信号部分。传感器的组成如图 1 - 6 - 1 所示。

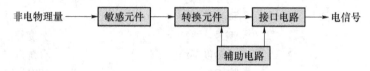

图 1 - 6 - 1　传感器组成框图

图中接口电路的作用是把转换元件输出的电信号变换为便于处理、显示、记录和控制的可用的电信号。在工业控制系统中这个信号就是标准信号或 4 ~ 20 mA DC。其电路的类型视转换元件的不同而定。

## 一、学习目标

(1) 了解常用传感器的分类及工作原理。

(2) 了解常见传感器的使用方法。

## 二、工作任务

在自动化生产线上安装光电编码器。

## 三、知识准备

### (一) 传感器的分类

传感器的种类很多，常用传感器的分类方法有以下几种。

(1) 根据被测量的性质进行分类：可分为基本被测量型和派生被测量型两类。例如，力可视为基本被测量，从力派生出压力、质量、应力、力矩等派生被测量。当需要测量这些被测量时，只要采用力传感器就可以了。了解基本被测量和派生被测量的关系，对于正确选用传感器很有帮助。常见的非电量基本被测量和派生被测量如表 1 - 6 - 1 所示，这种分类方式的优点是比较明确地表达了传感器的用途，便于使用者根据其用途选用。其缺点是没有区分每种传感器在转换机理上有何共性和差异，不便于使用者掌握基本原理及分析方法。

表 1 - 6 - 1　基本被测量和派生被测量

| 基本被测量 | | 派生被测量 |
|---|---|---|
| 位移 | 线位移 | 长度、厚度、应变、振动、磨损、平面度 |
| | 角位移 | 旋转度、偏转角、角振动 |
| 速度 | 线速度 | 速度、振动、流量、动量 |
| | 角速度 | 转速、角振动 |
| 加速度 | 线加速度 | 振动、冲击、质量 |
| | 角加速度 | 角振动、转矩、转动惯性 |
| 力 | 压力 | 质量、应力、力矩 |
| 时间 | 频率 | 周期、计数、统计分布 |
| 温度 | | 热容、气体速度、涡流 |
| 光 | | 光通量与密度、光谱分布 |
| 湿度 | | 水汽、水分、露点 |

（2）按传感器工作原理分类，如表 1 - 6 - 2 所示。

表 1 - 6 - 2　按工作原理分类情况

| 传感器种类 | | 工作原理 | 应用范围 |
|---|---|---|---|
| 电学式传感器 | 电阻式：电位器式、触点变阻式、电阻应变片式、压阻式 | 利用变阻器将被测非电量转换为电阻信号的原理 | 位移、压力、力、应变、力矩、气体流量、液位、液体质量 |
| | 电容式 | 利用改变电容的几何尺寸或改变介质的性质和含量，而使电容量变化的原理 | 压力、位移、液位、厚度、水分含量 |
| | 电感式 | 利用改变磁路几何尺寸、磁体位置来改变电感或互感的电感量或压磁效应原理 | 位移、压力、力、振动、加速度 |
| | 磁电式 | 利用电磁感应原理 | 流量、转速、位移 |
| | 电涡流式 | 利用金属在磁场中运动切割磁力线，在金属内形成涡流的原理 | 位移、厚度 |
| 磁学式传感器 | | 利用铁磁物质的一些物理效应 | 位移、力矩 |
| 光电式传感器 | | 利用光电器件的光电效应和光学原理 | 光强、光通量、位移、浓度 |
| 电势型传感器 | | 利用热电效应、光电效应、霍尔效应等原理 | 温度、磁通量、电流、速度、光通量、热辐射 |

| 传感器种类 | | 工作原理 | 应用范围 |
|---|---|---|---|
| 电荷型传感器 | | 利用压电效应原理 | 力、加速度 |
| 半导体型传感器 | | 利用半导体的压阻效应、内光电效应、磁电效应及半导体与气体接触产生物质变化等原理 | 温度、湿度、压力、加速度、磁场、有害气体的测量 |
| 谐振式传感器 | | 利用改变电或机械的固有参数来改变谐振频率的原理 | 压力 |
| 电化学式传感器 | 电位式 | 以离子导电原理为基础 | 分析气体成分、液体成分、溶于液体的固体成分、液体的酸碱度、电导率、氧化还原电位 |
| | 电导式 | | |
| | 电量式 | | |
| | 极谱（极化）式 | | |
| | 电解式 | | |

（3）按能量的关系分类：可分为有电源传感器和无电源传感器。

（4）按输出信号的性质分类：可分为模拟式传感器和数字式传感器。

**（二）常见传感器的应用**

随着科学技术的发展，在工业生产中的机械制造、机电技术应用、机器人、生物工程、生产自动化及自动控制等领域，传感器已成为必不可少的"感觉器官"，成为实现自动检测和自动控制的首要环节。

前面已经介绍的压力、流量、物位、温度、成分五大变量的测量及变送实际属于传感器应用中的一部分。而所介绍的压力检测仪表、电容式压力变送器、热电偶温度计、热电阻温度计、热导式成分分析仪表等，都是众多传感器的其中之一，基本属于模拟式传感器的范畴。随着微型计算机技术的发展，对信号的测量、控制和处理必然进入数字化阶段，数字式传感器能够直接将非电量转换为数字量，其测量精度、分辨率、稳定性、抗干扰性均大大提高。然而，计算机数字处理系统常常需要 A/D 转换，一定程度上，精度受到一些影响。下面重点介绍几种常用的数字式位置传感器。目前比较常用的位置传感器有：光栅传感器、光电式传感器和感应同步器等。

1. 光栅传感器（计量式）

如图 1-6-2 所示，在镀膜玻璃上均匀刻制上许多有明暗相间等间距分布的细小条纹就构成了光栅。把两块栅距相等的光栅，面向相对地叠合在一起，就形成了明暗相间的条纹——莫尔条纹。当光栅位置移动时，莫尔条纹也相应移动，光栅读数头根据莫尔条纹明暗相间的分布"变化带"，将光信号方便地转换成正弦周期形的电信号了。再经过"辨向逻辑"（确定位移方向）和细分技术（增加脉冲数目）将电信号转换成相对应的脉冲信号，再由光栅数显仪表将位移大小以数字形式显示出来。

莫尔条纹是 18 世纪法国研究人员莫尔先生首先发现的一种光学现象。从技术角度上讲，莫尔条纹是两条线或两个物体之间以恒定的角度和频率发生干涉的视觉结果，当人眼无法分辨这两条线或两个物体时，只能看到干涉的花纹，这种光学现象就是莫尔条纹。

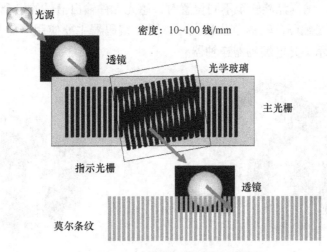

图 1 - 6 - 2  光栅及莫尔条纹示意图

光栅传感器的组成框图如图 1 - 6 - 3 所示。

图 1 - 6 - 3  光栅传感器结构示意图

光栅传感器主要用于长度和角度的精密测量，尤其在数控系统中对位置检测、坐标测量有着十分广泛的应用。

2. 光电式传感器（编码器）

将机械转动的模拟量（位移）转换成以数字代码形式输出的电信号，这类传感器称为编码器，它是光电式传感器的其中之一。编码器以其高精度、高分辨率和高可靠性被广泛用于各种位移的测量。

光电式编码器主要由安装在旋转轴上的编码圆盘（码盘）、窄缝以及安装在码盘两边的光源和感光元件组成，如图 1 - 6 - 4 所示。

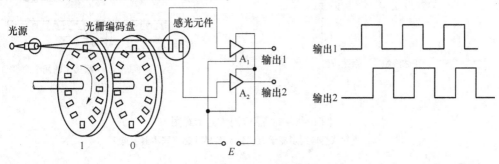

图 1 - 6 - 4  光电式编码器示意图

如图 1-6-5 所示的编码器是一个以 6 位二进制从内到外排列的透光和不透光的圆盘。当光源投射在编码盘上时，转动编码盘，通过亮区的光线经窄缝后，由感光元件接收。感光元件的排列与编码盘上的码道一一对应，对应于亮区和暗区的感光元件输出的信号，前者为"1"，后者为"0"。编码盘旋转至不同位置时，感光元件输出信号的组合，反映出按一定编码的数字量，代表了编码盘轴的角位移大小，可见编码器主要应用于"角位移"的精密检测。图 1-6-6 所示为光电编码器连轴器。

图 1-6-5　光电编码器实物图

图 1-6-6　光电编码器连轴器

3. 感应同步器

感应同步器是利用两个平面印刷电路绕组的互感因相对位置不同而变化的原理，将直线位移或角位移转换成电信号的。

这两个绕组类似变压器的原边绕组和副边绕组，所以又称为平面变压器。感应同步器有直线式和旋转式两种，分别用于直线位移和角位移的测量，如图 1-6-7 所示。

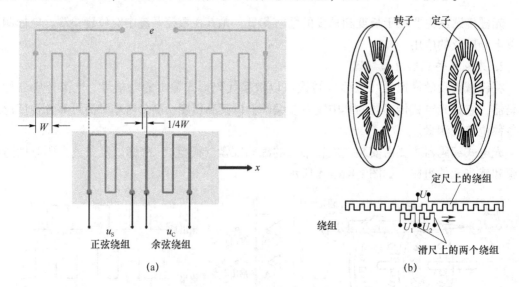

图 1-6-7　感应同步器示意图

（a）直线式感应同步器示意；（b）旋转式感应同步器示意

不管哪种形式的感应同步器都是利用其两个绕组的相对位置变化而产生电磁感应电动

势，再通过信号检测处理，最后经过译码器显示出位移的数字量。感应同步器广泛应用于坐标镗床、铣床的定位和雷达跟踪系统。

## 四、看一看案例

### （一）工作准备
（1）了解常用传感器的分类及工作原理。
（2）了解常见传感器的使用方法。
（3）掌握光电编码器的使用方法。

### （二）设备、工具、材料准备
（1）电工工具、扳手各一套。
（2）万用表一个。
（3）纸、笔、计算器。

### （三）实施
（1）根据要求在自动化生产线上安装光电编码器。
（2）记录安装过程。
（3）完成工作任务报告。

## 五、想一想、做一做

（1）什么叫传感器？它由哪几部分组成？它在自动检测控制系统中起什么作用？
（2）传感器如何分类？

# 拓展情境 1.7　蔗糖厂检测技术与过程控制

[引言]　自动检测是指在生产过程中，利用各种检测仪表（也叫测量仪表）对生产过程的各种工艺变量自动、连续地进行测量和显示，以提供操作者观察或直接自动地进行监督和控制生产。

过程控制是指在生产过程中，运用合适的控制策略，采用自动化仪表及系统来代替操作人员的部分或全部直接劳动，使生产过程在不同程度上自动进行，所以过程控制又被称为生产过程自动化。它广泛应用于制糖、造纸、石油、化工、冶金、机械、电力、轻工、纺织、建材、原子能等领域。过程控制系统是指自动控制系统的被控量是温度、压力、流量、液位、成分、黏度、湿度以及 pH 值等这样一些过程变量的控制系统，过程控制是提高社会生产力的有力工具之一，它在确保生产正常运行、提高产品质量、降低能耗、降低生产成本、改善劳动条件、减轻劳动强度等方面具有重要的作用。

## 一、学习目标

（1）了解检测与过程控制技术发展各阶段的特点及发展趋势。
（2）明确过程控制系统的特点及其分类、组成及控制指标。

（3）掌握前馈控制系统、反馈控制系统及前馈–反馈控制系统的原理分析。

（4）掌握工业仪表的品质指标。

（5）掌握测量误差、仪表精度的计算。

（6）了解蔗糖生产工艺及过程控制。

## 二、工作任务

（1）参观蔗糖生产企业，了解企业生产工艺及工艺参数检测方法，以及生产过程控制系统的特点。

（2）测量误差、仪表精度的计算。

## 三、知识准备

### （一）过程控制的发展历程

自 20 世纪 70 年代以来，随着自动控制理论和计算机技术的不断发展，过程控制系统已成为大型生产装置不可分割的重要组成部分。可以说，如果不配置合适的过程控制系统，大型的生产过程是根本无法正常运行的。实际上，生产过程自动化的程度已成为衡量工业企业现代化水平的一个重要标志。

工业生产过程由简单到复杂，由小规模到大规模，直至今日，现代化、大型化或多品种、精细化的工业，生产出各种各样的产品以满足人们的生活需要。对这些工业生产过程的操作要求做到正确化、自动化和高效化。由于工业生产过程中实际问题的不断提出，促使理论研究的不断发展，同时理论研究的结果变成相应的自动化工具产品，用来解决生产实际问题。这样，生产实际问题、控制理论研究和控制系统三者共同作用，推动着过程控制技术的发展。

过程控制技术作为自动控制理论在工业过程控制领域中的应用分支，与控制理论一样更新发展着。从某种意义上说，过程控制是工业生产实际问题、控制理论研究和控制系统三者共同作用的结果，也是技术与需求这一矛盾的对立统一、相互作用的结果，是社会生产力发展的必然。表 1–7–1 列出了在现代工业发展的各个阶段中，过程控制系统的主要特点。

表 1–7–1　过程控制系统的发展

| 时间 | 技术背景及应用领域 | 过程控制系统的主要特点 |
|---|---|---|
| 1950—1960 年 | 技术背景：自动化生产雏形；<br>应用领域：化工、钢铁、纺织、制糖、造纸 | （1）采用压缩空气作为仪表动力源；<br>（2）气动信号传输标准：20～100 kPa；<br>（3）少量电动仪表采用真空电子管；<br>（4）采用自动平衡记录仪作为记录仪表 |
| 1960—1970 年 | 技术背景：进入电子管时代、应用半导体和计算机技术；<br>应用领域：石油化工、电力 | （1）电动信号传输标准：0～10 mA DC；<br>（2）集中检测与控制技术；<br>（3）电子模拟流程技术；<br>（4）计算机直接控制技术（DDC） |

续表

| 时间 | 技术背景及应用领域 | 过程控制系统的主要特点 |
|---|---|---|
| 1970—1980 年 | 技术背景：现代化工业过程规模大型化，集成电路和微处理器技术广泛应用；<br>应用领域：工业生产各领域 | (1) 电动信号传输标准：4～20 mA DC；<br>(2) 计算机辅助设计；<br>(3) 自动机械工具；<br>(4) 机器人；<br>(5) 集散控制系统 DCS；<br>(6) 可编程控制器 PLC |
| 1980—1990 年 | 技术背景：办公自动化、数字化技术、通信和网络技术应用环境保护的要求；<br>应用领域：工业生产各领域 | (1) 数字化仪表；<br>(2) 智能化仪表；<br>(3) 先进控制软件 |
| 1990 年以后 | 技术背景：智能化和优化控制；<br>应用领域：工业生产各领域 | (1) 现场总线；<br>(2) 分析仪器的在线应用；<br>(3) 优化控制 |

综观过程控制的发展历史，大致分为 3 个阶段：局部自动化阶段、集中控制阶段和集散控制阶段。

1. 局部自动化阶段（20 世纪 20—60 年代）

在 20 世纪 50 年代，过程控制开始得到发展，这一阶段的过程控制主要用于生产过程中单输入、单输出的控制系统，被控参数主要有温度、压力、流量和液位四种，控制目的是保持这些参数的稳定，消除或者减少对生产过程指标的影响。

过程控制系统在这一阶段大多采用以标准压缩空气作为动力、信号的气动基地式仪表和少量的气动单元组合仪表，这样构成的过程系统，主要解决被控参数在生产过程较为正常的情况下，为满足工艺要求的参数控制指标而进行的定值控制问题。大多数的测量仪表分散在各生产单元工艺设备上，操作人员可绕着生产现场查看仪表及采取相应的操作。

在这一阶段，用于系统设计和系统分析的自动控制理论主要是以频率法和根轨迹法为主体的经典控制理论，对于过程控制来说，从数学理论上进行研究，最早提出的是 1942 年关于比例－积分－微分（PID）控制回路的整定规则，这一规则至今还被过程控制工程界广泛采用。

2. 集中控制阶段（20 世纪 60—70 年代）

20 世纪 60 年代，随着世界范围内化学工业的迅速发展，装置规模的扩大，生产的复杂性和对产品质量要求的严格性，迫切要求单元生产过程集中管理与控制，当初是以气动仪表对生产过程进行测量与控制的，因此需要大量的气动信号管线传送测量与控制设备。到了 20 世纪 70 年代，随着电子技术的迅速发展，半导体产品取代了电子管，随后，集成电路取代了分离元件，电子仪表的可靠性、可用性大大提高，从而逐步替代了气动仪表。在这期间，计算机在过程控制的应用，引起了工业生产过程革命性的变化。

在这一阶段，人们通过长期的生产实践和经验积累，研究出克服参数干扰、提高系统控制品质的过程控制方法，如串级控制、前馈控制等；以及在生产过程中为实现特定生产任务的过程控制系统，比如比值控制、选择控制等。大多数的测量仪表通过电动或者气动变送器把信号统一送到集中控制室，操作人员通过显示和控制仪表对生产过程的各种参数进行集中的监视和控制。

在过程控制理论方面，除了仍然采用经典控制理论以解决实际生产中遇到的问题外，例如，在20世纪60年代，过程控制的科学家和工程师对化工过程主要分离装置——精馏塔的控制，进行了许多卓有成效的研究，并结合化工生产实际，写出了自动控制理论在工业过程应用的评述论文。到了20世纪60年代中期，提出了工业过程数学模型的建立和研究方法。在第二阶段，现代控制理论开始在过程控制领域内应用，如模型预测控制算法、模糊控制算法以及计算机仿真等。

3. 集散控制阶段（20世纪70年代中期至今）

20世纪70年代中期，电子仪表和以微处理器为基础的集散控制系统（DCS）开始在工业生产过程中应用。"集中管理，分散控制"的设计思想被所有大型过程控制系统所接受并应用至今，无论从控制功能、系统可靠性、可操作性等方面讲，集散控制系统在某种意义上的集中管理、分散控制实现了过程控制工作者的梦想。所以，称集散型控制系统的出现是过程控制发展史上的里程碑。集散控制系统的设计雏形是在一座工厂里设一个中央控制室，用CRT来监视、操作工厂的生产过程。

进入20世纪90年代后，随着测量仪表数字化、通信系统网络化、集散控制技术的成熟，工业生产过程进入微机化、数字化和网络化时代，而工业生产过程的大型化、精细化，又要求进行生产过程的优化控制。生产过程的复杂性、高要求，一般的常规控制方法无法满足工业过程优化生产的要求。因此，基于模型的先进控制算法和优化控制算法称为现代工业生产过程操作与控制的关键。从1980年至1995年期间，在工业过程控制领域中掀起了现代过程控制理论的研究高潮，从而开创了工业过程控制发展历史过程中一个历史性的新局面。

目前，过程控制已进入信息化和网络化发展阶段，以"信息化带动工业化"，不断提高生产过程自动化的应用水平的需求下，基于现场总线的集散控制系统正在企业广泛应用，从而转化为巨大的经济效益和社会效益，在此基础上，过程自动化（PA）、工厂自动化（FA）、计算机集成过程控制（CIPS）、计算机集成制造系统（CIMS）和企业资源管理信息系统（ERP）等方案的实施和规划，正在成为提高工业生产过程经济效益的关键手段。

**（二）过程控制系统的特点**

过程控制是自动化控制的一个重要分支，因此除了具有与其他自动控制系统相似的性质之外，它还具有自己的五个主要特点：

（1）被控过程的多样化。

过程控制系统是面向生产过程的自动控制系统，由于生产规模不同，工艺要求各异，产品的品种多样，因此过程控制中的被控过程的形式也是多种多样的，常见工业生产过程都是在较大型的设备中进行的，像热工过程中的锅炉、热交换器；冶金过程的平炉、转炉；机械工业过程中的热处理；石油化工过程中的精馏塔、化学反应器、流体输送设备等，这些生产过程的工作机理复杂各异，不同的过程需要不同的控制方法，就像医生对待不同的病人需要不同的治疗方法一样。因此，过程控制不具有通用性，要设计能适应各种过程的通用控制系统是比较困难的。所以，对于一个过程控制工程师，必须熟悉被控过程的工作机理，这是实现生产过程自动化的前提条件，也是控制技术被冠以"过程"的主要原因。

（2）系统由过程检测控制仪表组成。

过程控制是通过采用各种检测仪表、控制仪表和计算机等自动化技术工具，对整个生产过程进行自动检测和自动控制，图 1 – 7 – 1 所示是过程控制系统的框图，它反映了过程控制系统的基本组成，也是分析过程控制系统工作原理的理论工具。从图中我们可以看出组成一个完整的控制系统一般有调节器、调节阀、被控对象和测量变送器 4 个环节，其中调节器、调节阀和测量变送器都属于过程检测控制仪表，所以，也可以认为：

$$过程控制系统 = 过程检测仪表 + 被控对象$$

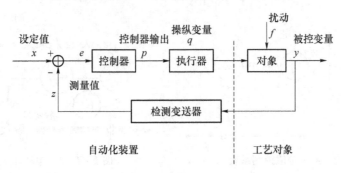

图 1 – 7 – 1　过程控制系统框图

（3）被控方案十分丰富。

由于被控过程的多样化，决定了控制方案的多样性。过程控制系统的控制方案有单变量及多变量控制方案；有提高控制品质（即性能指标），也有实现特定工艺操作要求的控制方案。

（4）控制过程多属于慢过程参量控制。

在流程工业中，常用一些物理量来表征生产过程是否正常，这些物理量都是以温度、压力、流量、液位、成分等参量表示。被控过程大多具有大惯性、大时延（滞后）等特点，因此决定了控制过程是一个慢过程。

（5）定值控制是过程控制的一种主要控制形式。

过程控制不同于航空器的姿态控制，以及机器人的动作控制系统，它的主要目的是减小或消除外界扰动对被控量的影响，使被控量能控制在给定值上，使生产稳定，从而达到优质、高产、低能耗的目的。所以，定值控制是过程控制的一种主要控制形式。

**（三）过程控制系统的分类**

过程控制系统的分类方法很多，例如，按照被控变量的不同，可以分为温度控制系统、压力控制系统等；按照调节器控制规律可分为比例控制系统、比例 – 积分控制系统。在分析过程控制特性时，主要有以下几种分类方法。

*1. 按给定值的特点分类*

（1）定值控制系统。定值控制系统是过程控制系统中应用最多的一种控制系统。在工业生产过程中，大多数场合要求被控变量（如温度、压力、流量、液位、成分等）保持恒定或在给定值附近。定值控制系统的给定值是恒定不变的，因此称为"定值"。控制系统的输出（即被控变量）应稳定在与给定值相对应的工艺指标上，或在规定工艺指标的上下很小范围内变化。图1-7-2所示是一个敞口容器的液位定值控制系统的控制流程图。

（2）随动控制系统。随动控制系统的给定值随着时间任意地变化，其主要作用是克服一切扰动，使被控变量迅速、准确无误地跟踪给定值的变化，因此，这类系统又称为自动跟踪系统。在生产过程中，多见于复杂控制系统中，如图1-7-3所示的单环比值控制系统。

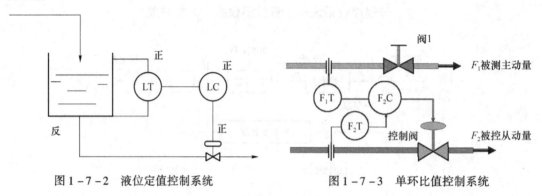

图1-7-2　液位定值控制系统　　　　　图1-7-3　单环比值控制系统

（3）程序控制系统。程序控制系统被控量的给定值是按预定的时间程序而改变的。控制的目的是使被控量按规定程序自动变化。这类系统在间歇生产过程中的应用比较广泛，如食品工业中的罐头杀菌温度控制、造纸工业中纸浆蒸煮的温度控制、机械工业中的退火炉温度控制。它们要求的温度指标不是一个恒定的数值，而是一个按工艺规程规定好的时间函数，具有一定的升温时间、保温时间和降温时间。

2. 按系统克服干扰的方法分类

（1）反馈控制系统。反馈控制系统是根据系统被控变量与给定值的偏差进行工作的，最后达到消除和减少偏差的目的，偏差值是控制的依据。图1-7-2所示的液位定值控制系统，就是一个反馈控制系统。因为该系统是由液位变送器作为反馈单元构成一个闭合回路，所以又称为单回路闭环控制系统。这是过程控制系统中最基本，也是最重要的一种类型，它是分析研究多回路闭环控制系统的基础。另外，反馈信号也可能有多个，从而构成一个以上的闭合回路，如串级控制的复杂控制系统。

（2）前馈控制系统。前馈控制系统是直接根据扰动量的大小进行工作的，扰动成为该类系统的控制依据。由于它没有被控变量的反馈，所以不构成闭合回路，故也成为开环控制系统。图1-7-4所示为换热器温度前馈控制系统的控制流程图。在前馈控制中，扰动是引起被控变量变化的原因，前馈调节器是根据扰动进行工作的，可及时抵消扰动对被控量的影响。换热器温度前馈控制系统根据冷物料变化的扰动来控制加热蒸汽量，其控制目的是为了控制换热器物料的温度，有效减少被控参数的动态偏差。但从流程图上看，我们未能看到温度的显示及控制仪表，所以说，前馈控制是一种开环控制。这种控制方法最终无法检查控制的效果，所以在实际生产中往往与其他控制方法组合使用，很少单独应用。

（3）前馈－反馈控制系统。前馈－反馈控制系统是前馈控制系统与反馈控制系统复合在一起构成的控制系统。前馈控制系统的优点是能针对主要扰动迅速且及时地克服对被控量的影响；利用反馈控制来克服其他扰动，使系统在稳态时能准确地使被控量控制在给定值上，这样就充分地利用了前馈控制系统和反馈控制系统各自的优点，可以提高控制系统的控制品质。图1-7-5所示是蒸汽加热器前馈－反馈控制系统。

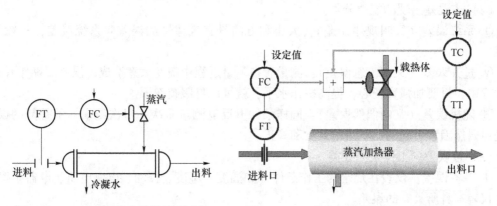

图1-7-4 换热器温度前馈控制系统　　　图1-7-5 蒸汽加热器前馈－反馈控制系统

### （四）测量的基本知识

**1. 测量过程**

测量是将被测变量与其相应的标准单位进行比较，从而获得确定的量值。检测过程是将研究对象与带有基准单位的测量工具进行转换、比较的过程，实现这种转换、比较的工具就是过程检测仪表。

**2. 测量误差**

测量的目的就是为了获得真实值，而测量值与真实值不可能完全一样，始终存在一定的差值，这个差值就是测量误差。

（1）按误差的表示方法分类。

① 绝对误差：仪表的测量值与被测量真实值之差称为绝对误差。

$$\Delta = Z - Z_t \approx Z - Z_0 \tag{1-7-1}$$

式中　$Z$——测量值，即检测仪表的指示值；

　　　$Z_t$——真实值，通常用更精确的仪表的指示值 $Z_0$ 近似地表示真实值；

　　　$\Delta$——绝对误差。

绝对误差越小，说明测量结果越准确，越接近真实值。但绝对误差不具可比性。

② 相对误差：用绝对误差与真实值的百分比即相对误差表示测量误差较为确切。

$$\delta\% = \frac{\Delta}{Z_0} \times 100\% \tag{1-7-2}$$

③ 引用误差：也叫满度百分误差，用仪表指示值的绝对误差与仪表的量程之比的百分数表示。即

$$\delta = \frac{\Delta}{M} = \frac{\Delta}{X_{max} - X_{min}} \times 100\% \tag{1-7-3}$$

式中　$\delta$——引用误差；

$M$——仪表的量程，$M = X_{\max} - X_{\min}$；

$X_{\max}$——仪表量程上限；

$X_{\min}$——仪表量程下限。

因此，绝对误差与相对误差的大小反应的是测量结果的准确程度，而引用误差的大小反应的是仪表性能的好坏。

（2）按误差出现的规律分类。

① 系统误差（又叫规律误差）：大小和方向具有规律性的误差叫系统误差，一般可以克服。

② 过失误差（又叫疏忽误差）：测量者在测量过程中疏忽大意造成的误差。操作者在工作过程中，只要加强责任心，提高操作水平，就可以克服疏忽误差。

③ 随机误差（又叫偶然误差）：同样条件下反复测量多次，每次结果均不重复的误差。它是由偶然因素引起的，不易被发觉和修正。

（3）按误差的工作条件分类。

① 基本误差：仪表在规定的工作条件（如温度、湿度、振动、电源电压、电器频率等）下，仪表本身所具有的误差。

② 附加误差：仪表在偏离规定的工作条件下使用时附加产生的误差，此时产生的误差等于基本误差与附加误差之和。

**（五）测量仪表的基础知识**

1. 测量仪表的分类

（1）根据测量元件与被测介质是否接触，可分为接触式测量仪表和非接触式测量仪表。

（2）按精度等级及使用场合的不同，可分为标准仪表和工业用表，分别用于标定室、实验室和工业生产现场（控制室）。

（3）按被测变量分类，一般分为压力、物位、流量、温度测量仪表和成分分析仪表等。

（4）按仪表的功能分类，通常可分为显示仪表、记录型仪表和信号型仪表等。

2. 测量仪表的品质指标

（1）精度（准确度）。

仪表的精度是描述仪表测量结果准确程度的指标。

在实际的测量过程中，都存在一定的误差，其大小一般用精度来衡量。仪表的精度是仪表最大引用误差 $\delta_{\max}$ 去掉正负百分号后的数值。

工业过程中常用仪表的精度等级来表示仪表的测量准确度，是国家规定的系列指标，也是仪表允许的最大引用误差，我国仪表精度等级大致有：

Ⅰ级标准表——0.005，0.02，0.05；

Ⅱ级标准表——0.1，0.2，0.25，0.4，0.5；

一般工业用仪表——1.0，1.5，1.6，2.5，4.0。

仪表的精度等级越小，精确度越高。当一台仪表的精度等级确定后，仪表的允许误差也随之确定了。仪表允许误差表示为 $\delta$，合格仪表的精度 $\delta_{\max}$ 不超过其仪表的最大允许误差，这叫作精度合格。

（2）变差（回差）。

在外界条件不变的情况下，用同一台仪表对某一参数进行正、反行程测量时，其所得到的仪表指示值是不相等的，对同一点所测得的正、反行程的两个读数值之差就叫该点的变差（也叫回差），它用来表示测量仪表的恒定度。变差说明了仪表的正向（上升）特性与反向（下降）特性的不一致程度，可用下式表示：

$$变差 = \frac{X_上 - X_下}{M} \times 100\% \quad\quad\quad (1-7-4)$$

式中　$(X_上 - X_下)$——同一点所测得的正、反行程的两个读数之差的最大值；

　　　　$M$——仪表的量程。

合格仪表的最大变差不能大于仪表的最大允许误差，这叫恒定度合格。可见一台合格的仪表必须同时满足其精度和恒定度（变差）合格，缺一不可。

此外，在工业生产过程中，仪表往往需要满足工艺要求，即仪表的最大允许误差不能超过工艺允许的最大误差。

一般来说，一台合格仪表至少要满足：

① 精度 $\delta_{max}$ 不超过其仪表的最大允许误差；

② 最大变差不能大于仪表最大允许误差。

（3）灵敏度与灵敏限。

灵敏度是表征仪表对被测变量变化的灵敏程度的指标，是指仪表的输入变化量与仪表的输出变化量（指示值）之间的关系。对同一类仪表，标尺刻度确定后，仪表的测量范围越小，灵敏度越高，但是灵敏度高的仪表精确度不一定高。

灵敏限是指能引起仪表指示值发生变化的被测量的最小改变量，一般来说，灵敏限的数值不应大于仪表最大允许绝对误差的一半。

### （六）测量仪表的构成

工业测量仪表的品种繁多，结构各异，但是，它们的基本构成都是相同的，一般均由测量、传送和显示（包括变送）三部分组成。

测量部分一般与被测介质直接接触，是将被测变量转换成与其成一定函数关系信号的敏感元件；传送部分主要起信号传送放大作用；显示部分一般是将中间信号转换成与被测变量相应的测量值，记录下来。

### （七）蔗糖生产工艺

我国是世界第三大产糖果国，广西是全国最大的产糖基地。目前，广西共有31家制糖企业（104间糖厂），食糖产量占全国总产量的60%以上，糖业成为广西在全国最具影响力的优势特色产业。广西作为产糖大省，不仅在制糖规模、食糖产量等方面占据全国重要份额，而且在制糖加工技术和装备方面也走在全国前列。全自动分蜜机、无滤布真空吸滤机、高效燃硫炉、快速沉降器、大型锅炉等高效节能设备得到较为广泛的应用，污水处理、闭水循环、糖浆上浮、DCS自动控制等技术得到不断普及，建成了若干条具有国际先进水平现代化精制糖生产线。

广西制糖生产主要有亚硫酸法、碳酸法、二步法，如图1-7-6所示，生产过程分为压榨提汁、蔗汁澄清、加热蒸发和成糖4个工段。具体工序为：甘蔗经破碎后进入压榨机里进行压榨提汁，得到混合汁和蔗渣（副产品）；混合汁送至澄清工段，经除杂、提纯、分离，得到清汁和滤泥（副产品）；清汁送至蒸发工段浓缩，所得糖浆送至制糖工段进行煮制结晶，得到糖浆，经助晶、分蜜、干燥、冷却、筛分，得到白砂糖、赤砂糖等产品及废糖蜜（副产品）。

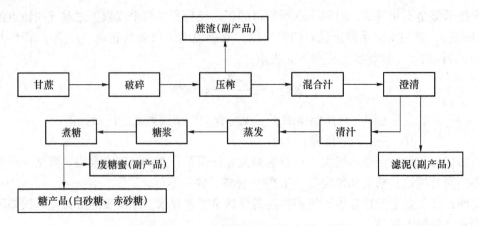

图 1-7-6 甘蔗制糖主要生产流程示意图

### (八) 精制糖生产的主要工艺及关键技术

1. 工艺流程

精制糖主要生产工艺流程如图 1-7-7 所示。

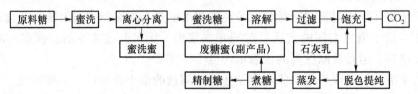

图 1-7-7 精制糖主要生产工艺流程示意图

2. 关键技术

（1）烟道气提净系统。

烟道气是饱充过程所需 $CO_2$ 的来源之一，通常经由布袋除尘、洗涤塔组成的提净系统进行洗涤除尘后使用。处理后的烟气烟尘浓度由 3 000 mg/m³ 降低到 30 mg/m³ 左右，满足工业要求。

（2）饱充罐。

饱充罐是加灰汁与 $CO_2$ 反应的设备。加灰汁在饱充罐内的循环桶与细小的 $CO_2$ 气泡混合后盘旋上升，在液面处为反应的气体从气液混合物中分离，糖汁则由桶外循环回到底部，经多次循环，饱充糖汁从罐底排出，并且能根据气体上升原理进行循环，无须外部循环，糖汁碱度逐步均匀降低，色值低。

（3）离子交换系统。

离子交换系统是以离子交换树脂为介质，对糖汁进行脱色脱盐的提纯装备，利用树脂电性吸附糖汁中带电基团物质，达到提纯或去除溶液中某些离子杂质的目的，并且吸附性能好，脱色容量大，提高产品质量，易于实现全自动控制。

## 四、看一看案例

### (一) 工作准备

（1）了解测量的基本知识和误差的分类。

（2）掌握绝对误差、相对误差、引用误差的计算。

（3）了解工业仪表精度、变差的计算。

（4）了解蔗糖生产工艺。

**（二）工具、材料准备**

（1）纸和笔。

（2）计算器。

**（三）实施**

1. 工作任务一

（1）参观蔗糖生产厂。

（2）根据任务的要求，完成工作报告。

2. 工作任务二

根据题目的要求进行计算，对照参考答案，验证计算结果。

【例 1 - 7 - 1】某台测温仪表的量程范围为 100 ℃ ~ 600 ℃，在校验时发现最大绝对误差为 ±7 ℃，试确定该仪表的精度等级。

参考答案：由于该表的最大绝对误差 $\Delta = \pm 7$ ℃，根据式（1 - 7 - 3）有

$$\delta = \frac{\Delta}{M} = \frac{\Delta}{X_{\max} - X_{\min}} \times 100\% = \frac{7}{600 - 100} \times 100\% = 1.4\%$$

去掉"%"后，该表的精度值为 1.4，介于国家规定的精度等级 1.0 与 1.5 之间。这台测温仪表的精度等级为 1.5 级，即仪表的最大允许引用误差 $\delta = 1.5\%$。

【例 1 - 7 - 2】工艺要求测量温度指标为 300 ℃ ±3 ℃，现拟用一台 0 ℃ ~ 500 ℃ 的温度表来测量该温度，试选择该表的精度等级。

参考答案：因为

$$\delta_{允} = \frac{\Delta}{M} = \frac{\Delta}{X_{\max} - X_{\min}} \times 100\% = \frac{\pm 3}{500 - 0} \times 100\% = \pm 0.6\%$$

按选表的准则可知，该表应选择 0.5 级的精度等级。

【例 1 - 7 - 3】仪表工得到一块 0 ~ 4.0 MPa、1.5 级的普通弹簧管压力表的校验单（见表 1 - 7 - 2），试判断该表是否合格？

表 1 - 7 - 2 校验单

| 被检表显示值/MPa | | 0 | 1 | 2 | 3 | 4 |
|---|---|---|---|---|---|---|
| 标准表显示值/MPa | 上行 | 0 | 0.96 | 1.98 | 3.01 | 4.02 |
| | 下行 | 0.02 | 1.03 | 2.01 | 3.02 | 4.02 |

参考答案：由表 1 - 7 - 2 可知

$$\Delta_{\max} = 1 - 0.96 = 0.04$$
$$|X_{上} - X_{下}| = 1.03 - 0.96 = 0.07$$

则

$$\delta = \frac{\Delta_{\max}}{M} \times 100\% = \frac{0.04}{4} \times 100\% = 1\%$$

而仪表的精度等级为 1.5 级，即 $\delta_{允} = 1.5\%$，

$$变差 = \frac{X_上 - X_下}{M} \times 100\% = \frac{0.07}{4} \times 100\% = 1.75\%$$

根据合格仪表的条件来判断，该仪表不合格。因为，在校表时，要求仪表的精度、变差都小于仪表的允许误差，该仪表的允许误差为 1.5%，而其最大引用误差为 1%，变差为 1.75%，虽然精度合格，但是恒定度（变差）不合格，所以，该仪表不合格。

## 五、想一想、做一做

（1）写出蔗糖生产企业观后感。

（2）什么是自动测量？什么是过程控制？

（3）过程控制系统由哪几部分组成？各组成部分在系统中的作用是什么？

（4）过程控制系统有什么特点？

（5）过程控制系统如何分类？

（6）什么是反馈控制系统？什么是前馈控制系统？什么是前馈－反馈控制系统？

（7）什么叫测量误差？基本误差与附加误差有何不同？测量仪表的误差有哪几种表示方法？

（8）工业测量仪表如何进行分类？仪表的精度等级分为多少级？

（9）测量仪表有哪几个基本组成部分？试述各部分作用。

## 项目二

# 生产过程控制规律及控制系统应用

## 情境2.1　常用控制规律的应用

**[引言]** 所谓控制规律，是指控制器的输出信号与输入信号之间随时间变化的规律。控制器的输入信号，就是检测变送仪表送来的"测量值"（被控变量的实际值）与"设定值"（工艺要求被控变量的预定值）之差——偏差，而控制器的输出信号就是送到执行器并驱使其动作的控制信号。整个控制系统的任务就是检测出偏差，进而纠正偏差。控制器在此过程中起着至关重要的作用。

控制器对偏差按照一定的数学关系，转换为控制作用，施加于对象（生产中需要控制的设备、装置或生产过程），纠正由于扰动作用引起的偏差。被控变量能否回到设定值位置，以何种途径、经多长时间回到设定值位置，很大程度上取决于控制器的控制规律。

尽管不同类型的控制器，其结构、原理各不相同，但基本控制规律却只有四种，即双位控制规律、比例（P）控制规律、积分（I）控制规律和微分（D）控制规律。这几种基本控制规律有的可以单独使用，有的需要组合使用。如双位控制、比例控制、比例－积分（PI）控制、比例－微分（PD）控制、比例－积分－微分（PID）控制。

不同的控制规律适用于不用的生产过程，必须根据工艺要求合理选择相应的控制规律。若选用不当，不仅不能获得预期的控制效果，反而会使控制过程恶化，甚至酿成事故。因此，只有熟悉了常用控制规律的特点与适用对象，才能做出正确的选择。

### 一、学习目标

（1）明确自控技术员的岗位职责和工作内容。

（2）了解常用的过程控制规律。

（3）掌握双位、比例、比例 – 积分、比例 – 积分 – 微分控制规律的原理与应用。

（4）会计算过程控制系统的比例度。

## 二、工作任务

控制系统比例度的计算。

## 三、知识准备

### （一）自控技术员职业介绍

#### 1. 职业定义

在厂部技术部门的领导下，提出自控系统技术改造方案及安全方案，并组织实施，对技术文档进行收集归档，为员工进行技术和安全培训，制订维护、维修、定期检定计划。

#### 2. 主要工作内容

（1）自控系统技术改造方案设计、设备选型、设备安装调试、系统验收。

（2）制订计量器具、仪器仪表的维护、维修、巡回检查、定期检定规程。

（3）制订工作计划、培训计划、备品备件计划。

（4）为员工进行新技术及安全培训，推广新技术的应用。

（5）技术文件收集归档。

### （二）双位控制

在所有的控制规律中，双位控制规律最为简单，也最容易实现。其动作规律是：当测量值大于或小于设定值时，控制器的输出为最大（或最小），即控制器的输出要么最大，要么最小，相应的执行机构也就只有两个极限位置——要么全开，要么全关，双位控制由此得名。图 2 – 1 – 1 为一个水箱水位双位控制示意图，当水位降低时，水箱里的浮球也跟着下降，降到一定位置时，杠杆转动，带动进水阀门开启，水箱进水，水位开始上升；浮球随着水位上升，到一定位置时，杠杆转动，带动进水阀关闭。如此循环反复。

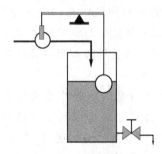

图 2 – 1 – 1　水箱双位
控制示意图

上述液位的双位控制，若按照上面的方式工作，势必使得系统各部件动作过于频繁，尤其是阀门的频繁打开和关闭，会加速磨损，缩短使用寿命。因此，实际中的双位控制大都设立一个 $L_L$（最低液位）~ $L_H$（最高液位）这样一个范围，叫中间区。当液位 $L$ 低于 $L_L$ 时，阀门打开，液体流入使液面上升，此时，阀门不动作，而是待液位上升至 $L_H$ 时，阀门才开始关闭，液体停止流入，液位下降。同理，只有液位下降至 $L_L$ 时阀门才再度打开，液位又开始上升。设立这样一个中间区，会使得控制系统各部件的动作频率大大降低。中间区的大小可根据要求设定。

双位控制系统结构简单、成本低、容易实现，但是控制质量较差，大多应用于允许被控变量上下波动的场合。如管式加热炉、恒温箱、空调、电冰箱中的温度控制，以及为气动仪表提供气源的空气罐中的压力控制等。

### （三）比例（P）控制

在上述双位控制系统中，执行机构只有全开和全关两个位置，因此被控变量始终处于等幅振荡状态，这对于被控变量要求稳定的场合就不适用了。

如果设计的控制系统，能使执行机构的行程变化与被控变量偏差的大小成一定比例关系，就可能使上述的水箱的物料流入量等于流出量，从而使液位稳定在某一值上，即系统在连续控制下达到平衡状态。这种控制器输出的变化与输入控制器的偏差大小成比例关系的控制规律，称为比例控制规律。

对于具有比例控制规律的控制器，称为比例控制器。比例控制器的输出信号 $P$ 与输入偏差信号 $e$ 之间呈比例关系，即

$$P = K_p \times e \tag{2-1-1}$$

式中　$K_p$——可调的比例放大倍数（或称比例增益）。

在比例控制中，放大倍数 $K_p$ 的大小表征了比例控制作用的强弱。$K_p$ 越大，比例控制作用越强（注意：并不是越大越好），反之越弱。在工程实际中，常常不用 $K_p$ 表征比例作用的强弱，而引入一个比例度 $\delta$ 的参数，来表征比例作用的强弱。$\delta$ 的定义式为控制器输入相对变化量与输出相对变化量的百分数。即

$$\delta = \frac{\dfrac{e}{e_{max} - e_{min}}}{\dfrac{\Delta P}{P_{max} - P_{min}}} \times 100\% \tag{2-1-2}$$

式中　$e_{max} - e_{min}$——控制器输入的最大变化范围，即仪表的量程范围；

　　　$P_{max} - P_{min}$——控制器输出的最大变化范围。

式（2-1-2）的物理意义是：当控制器输出变化全范围时，输入偏差变化占输入范围的百分数。也可以改写为

$$\delta = \frac{e}{\Delta P} \times \frac{P_{max} - P_{min}}{e_{max} - e_{min}} \times 100\%$$

对比式（2-1-1）可得

$$\delta = \frac{1}{K_p} \times \frac{P_{max} - P_{min}}{e_{max} - e_{min}} \times 100\% \tag{2-1-3}$$

对于一台具体的控制器而言，$P_{max} - P_{min}$ 和 $e_{max} - e_{min}$ 均为定值，因此可令

$$\frac{P_{max} - P_{min}}{e_{max} - e_{min}} = K \tag{2-1-4}$$

所以 $\delta$ 又可以表示为

$$\delta = K \times \frac{1}{K_p} \times 100\% \tag{2-1-5}$$

在电动单元组合仪表中，控制器的输入信号和输出信号都是统一的标准信号，并且变化范围相同，所以式（2-1-5）中的 $K=1$。因此，电动单元组合仪表中控制器的比例度计算公式为

$$\delta = \frac{1}{K_p} \times 100\% \tag{2-1-6}$$

可见，比例控制器中的比例度与比例放大倍数是倒数关系。$K_p$ 越大，比例控制作用就越强。$\delta$ 的取值，一般从百分之几到百分之几百之间连续可调（如 DDZ-Ⅲ 控制器的 $\delta = 1\% \sim 200\%$），通过控制器上的比例度旋钮进行调整。实际应用中，比例度的大小应视具体

情况而定，既不能太大，也不能太小。比例度太大，控制作用太弱，不利于系统克服扰动的影响，余差太大，控制质量差，就没有什么控制作用了。比例度太小，控制作用太强，容易导致系统的稳定性变差，引发振荡。由于比例度不可能为零（即 $K_p$ 不可能为无穷大），所以，余差就不会为零。因此，也常常把比例控制作用叫"有差规律"。为此，对于反应灵敏、放大能力强的被控对象，为求得整个系统稳定性的提高，应当使比例度稍大些；而对于反应迟钝、放大能力又较弱的被控对象，比例度可选小一些，以提高整个系统的灵敏度，也可相应减少余差。

单纯的比例控制适用于扰动不大，滞后较小，负荷变化小，要求不高，允许有一定余差存在的场合。工业生产中比例控制规律使用较为普遍。

### （四）比列－积分（PI）控制

比例控制规律是基本控制规律中最基本的、应用最普遍的一种，其最大优点是控制及时、迅速。只要有偏差产生，控制器立即产生控制作用。但是，不能最终消除余差的缺点限制了它的单独使用。克服余差的办法是在比例控制的基础上加上积分控制作用。积分（I）控制规律的数学表达式为

$$P_i = K_i \int edt \qquad (2-1-7)$$

式中　　$K_i$——积分速度；

$\int edt$——表示对偏差 $e$ 与微小时间段 $dt$ 乘积的累积。

由上式可知，积分控制器的输出 $P$ 与输入偏差 $e$ 对时间的积分成正比。这里的"积分"指的就是"累积"的意思。累积的结果是与基数和时间有关的，积分控制器的输出，不仅与输入偏差的大小有关，而且还与偏差存在的时间有关。只要偏差存在，输出就不会停止累积（输出值越来越大或越来越小），一直到偏差为零时，累积才会停止，所以，积分控制可以消除余差。积分控制规律又称为无差控制规律。

比例－积分控制器有两个可调参数，即比例度 $\delta$ 和积分时间 $T_i$。其中积分时间以"分"为刻度单位。如 DDZ－Ⅲ型控制器的积分时间为 $0.1 \sim 20$ 分，通过控制器上的旋钮可调整积分时间。

比例积分控制器是目前应用最广泛的一种控制器，多用于工业生产中的液位、压力、流量等控制系统。由于引入积分作用能消除余差，弥补了纯比例控制的缺陷，获得较好的控制质量。但是积分作用的引入，会使系统的稳定性变差。对于有较大惯性滞后的控制系统，要尽可能避免使用积分控制作用。

### （五）比例－微分（PD）控制

上面介绍的比例－积分控制规律，虽然既有比例作用的及时、迅速，又有积分作用的消除余差能力，但对于有较大时间滞后的被控对象使用不够理想。这里的"时间滞后"指的是：当被控对象受到扰动作用后，被控变量没有立即发生变化，而是有一个时间上的延迟，例如容量滞后，此时的比例－积分控制作用就显得迟钝、不及时。为此，人们设想：能否根据偏差的变化趋势来做出相应的控制动作呢？犹如有经验的操作人员一般既可根据偏差的大小来改变阀门的开度（比例作用），又可根据偏差变化的速度大小来预计将要出现的情况，提前进行控制，"防患于未然"。这就是具有超前控制作用的微分控制规律。微分控制器的输出大小取决于输入偏差变化的速度，其数学表达式为

$$P_d = T_d \frac{de}{dt} \qquad\qquad (2-1-8)$$

式中　$T_d$——微分时间;

$de/dt$——偏差变化的速度。

上式说明:微分输出只与偏差的变化速度有关,而与偏差的大小,以及偏差的存在与否无关。如果偏差为一固定值,不管有多大,只要不变化,即 $de/dt = 0$,则输出的变化一定为零,控制器没有任何控制作用。

上式表示了一种理想的微分控制特性。如果在 $t_0$ 时刻输入一个阶跃偏差,则控制器只在 $t_0$ 时刻输出一个无穷大 ($dt \rightarrow 0$,$de/dt \rightarrow \infty$) 的信号,其余时间输出均为零,如图 $2-1-2$ 所示。这种理想的微分控制既无法实现(瞬间输出达到无穷大),也没有什么实用价值。

实际的微分作用如图 $2-1-3$ 所示。在阶跃偏差输入的瞬间,输出有一个较大的跃升(如 DDZ – Ⅲ 控制器为 5 倍的偏差输出),然后按照指数规律逐渐下降至零。显然,这种实际微分控制作用的强弱,主要看输出下降的快与慢。决定其下降快慢的重要参数就是微分时间 $T_d$。$T_d$ 越大,下降得越慢,微分输出维持的时间就越长,因此微分作用越强;反之则越弱。当 $T_d = 0$ 时,就没有微分控制作用了,同理,微分时间的选取,也是根据需要确定的。在控制器上有微分时间调节旋钮,可连续调整微分时间的大小(DDZ – Ⅲ 控制器的 $T_d = 0 \sim 5$ 分),还设有微分作用通/断开关。

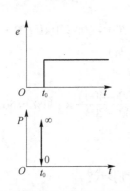
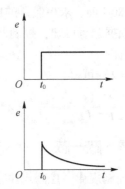

图 $2-1-2$　理想微分特性　　　　图 $2-1-3$　实际微分控制特性

综上所述,微分控制作用的特点是:动作迅速,具有超前调节功能,可有效改善被控对象有较大时间滞后的控制品质;但它不能消除余差,尤其是对恒定偏差输入时,根本就没有控制作用。因此,不能单独使用微分控制规律。实用中,常和比例、积分控制规律一起组成比例 – 微分(PD)或比例 – 积分 – 微分(PID)控制器。

**(六)比例 – 积分 – 微分(PID)控制**

最为理想的控制当属比例 – 积分 – 微分控制(简称 PID 控制)规律。它集三者之长,既有比例作用的及时迅速,又有积分作用的消除余差能力,还有微分作用的超前控制功能。

当偏差阶跃出现时,微分立即大幅度动作,抑制偏差的这种阶跃;比例也同时起消除偏差的作用,使偏差幅度减小,由于比例作用是持久和起主要作用的控制规律,因此可使系统比较稳定;而积分作用慢慢地把余差克服掉。只要三作用控制参数($\delta$、$T_i$、$T_d$)选择得当,便可充分发挥三种控制规律的优点,得到较为理想的控制效果。

一个具有三作用的 PID 控制器，当 $T_i = \infty$、$T_d = 0$ 时，为纯比例控制器；当 $T_d = 0$ 时为比例 – 积分（PI）控制器。通过改变 $\delta$、$T_i$、$T_d$ 这三个可调参数，以适应生产过程中的各种情况。对于设计并已经安装好的控制系统而言，主要是通过调整控制参数来改善控制质量。

三作用控制器常用于被控对象动态响应缓慢的过程，如 pH 等成分参数与温度系统。目前，生产上的三作用控制器多用于精馏塔、反应器、加热炉等温度自动控制系统。

## 四、看一看案例

### （一）工作准备

（1）了解常用的过程控制规律。

（2）掌握双位、比例、比例 – 积分、比例 – 积分 – 微分控制规律的原理与应用。

（3）掌握控制系统比例度的计算方法。

### （二）设备、工具、材料准备

纸、笔、计算器。

### （三）实施

参照例题 2 – 1 – 1 计算控制系统比例度，并验证。

【例 2 – 1 – 1】已知一台气动比例控制器的温度刻度范围是 400 ℃ ~ 800 ℃，控制器的输出信号范围是 20 ~ 100 kPa，当指示指针从 600 ℃ 移到 700 ℃ 时，相应的控制器输出信号从 40 kPa 变化到 80 kPa，求控制器的比例度为多少？

参考答案：依据题意可知，控制器的输入偏差 $e = 700 - 600 = 100$（℃）

输出的变化范围 $\Delta P = 80 - 40 = 40$（kPa）

由式（2 – 1 – 2）可得

$$\delta = \frac{e / (e_{max} - e_{min})}{\Delta P / (P_{max} - P_{min})} \times 100\% = \frac{100 / (800 - 400)}{40 / (100 - 20)} \times 100\% = 50\%$$

## 五、想一想、做一做

（1）什么是控制规律？控制规律有哪几种最基本的形式？

（2）双位控制规律有何特点？适用于什么场合？为什么双位控制要设立中间区？

（3）什么是余差？什么是比例控制规律？为什么单纯的比例控制规律不能消除余差？

（4）一个比例液位控制器，液位的测量范围为 0 ~ 1.2 m，输出范围为 20 ~ 100 kPa。若指示值从 0.4 m 增大到 0.6 m，比例控制器的输出从 50 kPa 增大到 70 kPa，试求控制器的比例度。

（5）一个 DDZ – Ⅲ 型比例调节器的测量范围为 0 ℃ ~ 400 ℃，当指示值变化 100 ℃，调节器的比例度为 50% 时，求相应的调节器输出将变化多少？当指示值变化多少时，调节器的输出作全范围变化？

（6）积分控制规律有何特点？为什么一般情况下不单独使用积分控制规律？

（7）试讨论积分时间的变化对控制过程的影响。

（8）微分控制规律有何特点？能否单独使用微分控制？为什么？

（9）试写出 PID 调节器的控制规律，当 $\delta$、$T_i$、$T_d$ 变化至 0 或 $\infty$ 时对控制规律有何影响？

（10）PID 三作用控制器如何分别实现 P、PI、PD 控制规律？

# 情境 2.2　控制器及其应用

**[引言]** 控制器是实现生产过程自动化的重要工具，在前一章讨论过的检测变送仪表将被控变量转换成电信号后，除了送至显示仪表进行指示和记录以外，更重要的是要送至控制器，在控制器内与设定值进行比较后得出偏差，然后由控制器按照预定的控制规律对偏差进行运算，输出控制信号，操纵执行机构动作，使被控变量达到预期要求，最终实现生产过程的自动化。本章重点讨论经常使用的电动控制器和数字控制器。

## 一、学习目标

（1）了解常用的控制器（系统）知识。
（2）掌握基本型控制器的操作。
（3）掌握比例（P）、积分（I）、微分（D）参数的工程整定方法。

## 二、工作任务

基本型控制器操作及 PID 参数工程整定。

## 三、知识准备

### （一）电动控制器

电动控制器以交流 220 V 或直流 24 V 作为仪表的电源，以直流电流或直流电压作为输出信号。之所以选用直流信号，是因为直流信号不受传输线路中的电感、电容及负荷性质的影响，不存在相移问题，抗干扰能力强；直流信号传输，容易实现模拟量到数字量的转换，从而方便地与工业控制计算机配合使用；其次直流信号获取方便，应用灵活。

电动控制器以单元组合仪表应用最为广泛。电动单元组合仪表（DDZ）经历了 Ⅰ 型、Ⅱ 型和 Ⅲ 型的发展过程。DDZ – Ⅰ 型仪表，以交流 220 V 作为电源，信号是 0 ~ 10 mA 直流，仪表的元件是电子管，体积大、耗能高、性能差，早已经被淘汰。DDZ – Ⅱ 型仪表的供电和输出信号与 DDZ – Ⅰ 型仪表一样，但它采用晶体管分立元件作为电子元件，DDZ – Ⅱ 型仪表虽然性能比 DDZ – Ⅰ 型仪表优越，但是，也已经逐渐被 DDZ – Ⅲ 型仪表（或智能仪表）所取代。

DDZ – Ⅲ 型仪表采用 24 V 直流电源集中统一供电，并配有蓄电池（UPS）作为备用电源，以备停电之急需。在 DDZ – Ⅲ 型仪表中广泛采用了线性集成运算放大器，使仪表的元件减少、线路简化、体积减小、可靠性和稳定性提高。在信号传输方面，DDZ – Ⅲ 型仪表采用国际标准信号制：现场传输信号为 4 ~ 20 mA DC，控制室联络信号为 1 ~ 5 V DC。这种电流传送 – 电压接收的并联制信号传输方式，使每块仪表都能可靠接地，便于同计算机、巡回检测装置等配套使用。它的 4 mA 零点有利于识别断电、断线故障，且为两线制传输创造了条件。此外，DDZ – Ⅲ 型仪表在结构上更为合理，功能也更加完善。另外，它的安全火花防爆性能，为电动仪表在易燃、易爆场合的安全使用提供了条件。

## 1. 电动控制器的组成

基本型控制器由控制单元和指示单元两大部分组成，其正面示意图如图 2-2-1 所示。指示单元包括测量指示电路和设定指示电路；控制单元包括输入电路、比例-微分（PD）运算电路、比例-积分（PI）运算电路、输出电路及软手动和硬手动操作电路等。控制器的测量信号和设定信号均是以 0 V 为基准的 1~5 V 直流电压信号，外设定信号由 4~20 mA 的直流电流，流过 250 Ω 的精密电阻后转换成 1~5 V 直流电压信号。内外设定由开关进行切换，当切换至外设定时，面板上的外设定指示灯点亮。

控制器共有"自动""保持""软手动"和"硬手动"4 种工作状态。通过面板上的联动开关进行切换。当控制器处于"自动"工作状态时，输入的测量信号和设定信号在输入电路进行比较后得出偏差，后面的比例-微分电路和比例-积分电路对偏差进行 PID 运算，然后经输出电路转换成 4~20 mA 的直流电流输出，控制器对被控变量进行自动控制。当控制器处于"软手动"或"硬手动"工作状态时，由操作者一边观察面板上指示的偏差情况，一边在面板上操作相应的扳键或操作杆，对被控变量进行人工控制。图 2-2-2 所示为全刻度指示型 DTL-3110 基本型控制器的正面示意图，图中各部分的名称及作用如下。

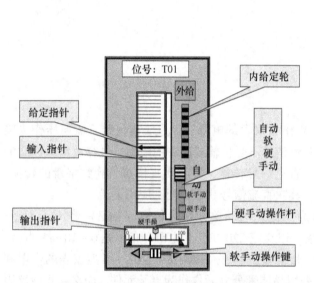

图 2-2-1 基本型控制器正面示意图     图 2-2-2 DTL-3110 基本型控制器

1—自动/软手动/硬手动切换开关：用于选择控制器的工作状态。

2—设定值、测量值显示表：能在 0~100% 的范围内分别显示设定值和测量值。黑色指针指示设定值，红色指针指示测量值，二者的位置之差即为输入控制器的偏差。

3—内设定信号设定轮：在"内设定"状态下调整设定值。

4—输出指示器（或阀位指示器）：用于指示控制器输出信号的大小。

5—硬手动操作杆：当控制器处于"硬手动"工作状态时，移动该操作杆，能使控制器的输出迅速地改变到所需的数值（一种比例控制方式）。

6—软手动操作键：当控制器处于"软手动"工作状态下，向左或向右按动该键时，控制器的输出可根据按下的轻、重，按照慢、快两种速度线性下降或上升（一种积分控制方式）。松开按键时，按键处于中间位置，控制器的输出可以长时间保持松开前的值不变，即前面所说的"保持"工作状态。

7—外设定指示灯：灯亮表示控制器处于"外设定"状态。

8—阀位标志：用于标志控制阀的关闭（X）和打开（S）方向。

9—输出记忆指针：用于阀位的安全开启度上下限指示。

10—位号牌：用于标明控制器的位号。当设有报警单元的控制器报警时，位号牌后面的报警指示灯点亮。

11—输入检查插孔：用于便携式手动操作器或数字电压表检测输入信号。

12—手动输出插孔：当控制器出现故障或需要维护时，将便携式手动操作器的输出插头插入，可以无扰动地切换到手动控制。

另外，当从控制器的壳体中抽出机芯时，可在其右侧面看到：比例度、积分时间和微分时间调整旋钮；积分时间切换开关（×1挡和×10挡）；正/反作用切换开关；内/外设定切换开关；微分作用通/断开关等操作部件。

根据控制器的输出变化方向与偏差变化方向的关系，可将控制器分为正作用控制器和反作用控制器。正作用控制器是指当偏差（测量值－设定值）增加时，控制器的输出也随之增加；反作用控制器则是输出随偏差的增加而下降。控制器的正、反作用的选择，应根据工艺要求和自动控制系统中各环节的作用方向来决定。

2. 电动控制器的操作

电动控制器的操作一般按照下述步骤进行。

（1）通电前的准备工作。

① 检查电源端子接线极性是否正确。

② 按照控制阀的特性安放好阀位标志的方向。

③ 根据工艺要求确定正/反作用开关的位置。

（2）用手动操作启动。

① 用软手动操作：将工作状态开关切换至"软手动"位置，用内设定轮调整好设定信号，再用软手动操作按键调整控制器的输出信号，使输入信号（即被控变量的测量值）尽可能接近设定信号。

② 用硬手动操作：将工作状态开关切换至"硬手动"位置，用内设定轮调整好设定信号，再用硬手动操作杆调节控制器的输出信号，控制器的输出以比例方式迅速达到操作杆指示的数值。

上述的软手动操作较为精准，但是操作所需时间较长；硬手动操作速度较快，但是操作较为粗糙。

（3）由手动切换到自动。

在手动操作使输入信号接近设定值后，待工艺过程稳定，便可将自动/手动开关切换到"自动"位置。在切换前，若已知PID参数值，可以直接调整PID旋钮到所需的数值。若不知道PID参数值，应使控制器的PID参数分别为：比例度最大、积分时间最长、微分开关断开。然后在"自动"工作状态下进行参数整定。

（4）自动控制。

当控制器切换到自动工作状态后，需要进行PID参数的整定。整定前先把"自动/手动"开关拨到"软手动"位置，使控制器处于"保持"工作状态，然后再调整 PID 旋钮，以免因参数整定引起扰动，整定方法如下。

① PI 控制。将控制器的积分时间调至最大，微分开关置于"断"。把比例度由最大逐渐阶梯式减少，例如 200%→100%→50%，每减小一次比例度，都要观察输入信号的变化。当出现周期性工况（被控参数出现等幅振荡）时，停止减少比例度，反过来稍微增加比例度，直至周期性工况消失为止。比例度调整结束后，接着调整积分时间。将积分时间由最大逐渐减小，一边减小一边观察输入信号的变化情况，直至出现周期性工况，然后反过来稍微增加积分时间，使周期性工况消失为止。

② PID 控制。将控制器的三参数分别设为：比例度最大，积分时间最大，微分时间最小（$T_d = 0$ 且微分作用开关置"通"）。然后把比例度从最大逐渐阶梯减小，一边减小一边观察输入信号的变化情况，直至出现周期性工况为止。出现周期性工况后，逐渐增加微分时间，直到周期性工况消失，然后再减小比例度至出现周期性工况后，再增大微分时间，使之消失。重复上述过程，当比例度减得过小时，怎么增加微分时间也不能使周期工况消失，此时应停止增加微分时间，并且把比例度稍微增大至周期工况消失。

调整好比例度和微分时间后，接着逐渐减小积分时间，直至周期工况又出现时，反过来稍微增大微分时间，使周期工况消失。

（5）内/外设定的切换。

内设定与外设定的切换也应该是无扰动的。方法是：当内设定切换至外设定时，先让控制器处于"软手动"工作状态，使其输出保持不变，然后再将内设定切向外设定，并调整外设定值，使其和内设定值相等，最后将工作状态切至"自动"。当由外设定切向内设定时，也应按照上述过程操作，只是调整的是内设定值，使其和外设定值相等。

**（二）数字控制器**

上面介绍的电动控制器是连续的模拟控制仪表。随着工业生产规模的不断扩大和自动化程度的不断提高，模拟控制仪表很难满足生产要求。因为一块模拟仪表只能控制一个变量，而大型企业中，需要检测和控制的变量数以万计，若都采用模拟控制仪表，其占地之大，布线之繁，操作之不便，使得控制系统的可用性和可靠性都会大为降低，而使用数字控制仪表即可解决上述问题。

1. **数字控制器的特点**

所谓数字控制仪表，是指具有微处理器的过程控制仪表。它采用数字化技术，实现了控制技术、通信技术和计算机技术的综合运用。数字控制仪表以微处理器为运算和控制的核心，主要是接受检测变送仪表送来的标准模拟信号（4~20 mA DC 或 1~5 V DC），经过模/数（A/D）转换后变成微处理器能够处理的数字信号，然后再经过数/模（D/A）转换，输出标准的模拟信号去控制执行机构。数字控制器与常规控制器相比，具有如下特点。

（1）实现了仪表、计算机一体化。将微处理器引入仪表，使仪表与计算机实现了一体化。这样可以充分发挥计算机强大的记忆功能以及快速的控制功能，使得仪表的电路简化、性能改善、功能增强。

（2）具有丰富的运算、控制功能。控制器内的运算模块和控制模块，可以实现多种运算和控制功能。只要将各种模块按照系统要求进行组态（对可调用的被称为"模块"的子程序，进行适当的选用、连接工作叫"组态"），编制成用户程序，就可以完成各种运算处理和复杂控制。除了 PID 控制功能外，还可以组成串级控制、比值控制、前馈控制、选择性控制、自适应控制等一系列复杂的过程控制。

（3）通用性强、使用方便。数字控制器在外形结构的面板布置上保留了模拟式仪表的模式，显示及操作也沿用模拟仪表的方式，易为人们接受和掌握，所以使用非常方便。用户程序使用"面向过程语言"（简称 POL 语言）来编制，易于学习和掌握。即使不懂计算机语言的人，只要稍加培训，便可以自行编制适用于各种被控对象的程序。

（4）使用灵活、便于扩展。控制器内部的功能模块采用软接线，外部采用硬接线，可以与模拟仪表兼容，为技术改造和革新提供了有利条件，更改控制规律十分灵活和方便。在不增加设备、不改变硬件连接的情况下，仅仅通过修改程序，即可获得不同的控制规律和控制方案。控制器具有标准通信接口，可以方便地与局部显示、操作站连接，实现小规模系统的集中监视和操作；还可以挂到数据总线上，与上位计算机进行通信，构成中、大规模集散系统。

（5）可靠性高、维护方便。控制器的软件自诊断功能，可以随时发现系统存在的问题，并能立即采取相应的保护措施。操作人员可按照控制器的提示，排除故障。

由于数字控制器可以实现"单机多控"，能"以软代硬"，且控制器内部使用的元件为高品质的大规模集成电路，可使控制系统使用的仪表数和节点数大为减少，系统的故障率降低、可靠性提高，并且维护维修都较为方便。

**2. 数字控制器的组成原理**

尽管组成数字控制器的方式方法各不相同，但其工作原理大同小异。除了数字控制器的软件外，控制器的硬件由微处理机、过程通道、通信接口、编程器以及一些辅助装置组成。数字控制器以 CPU 为核心硬件系统，与一般组成一台计算机的硬件系统基本相同，主要的不同是数字控制器还具有过程输入通道和过程输出通道。

过程输入通道的作用，是将现场检测变送仪表送来的信号变换成数字量，以便微处理器能进行相应的运算。由于现场有模拟信号和数字信号两种，因此输入通道有模拟输入通道和数字输入通道。

过程输出通道的作用，是将微处理器产生的数字量，转换成相应的模拟量，以控制执行器的动作。输出通道同时也有模拟和数字之分。

**3. 数字控制器应用举例**

数字控制器的种类很多，应用最多的是单回路控制器，主要有以下五类。

（1）可编程序控制器：是目前功能最强的一类单回路数字控制器，又称多功能控制器。它是在 PID 控制器的基础上，加上一些辅助运算器组合而成。它的内部有许多功能模块，使用时只要调用相应模块，用简单的语言编制成用户程序，再写入 EPROM（可编程序只读存储器），就可以获得所需的运算与控制功能，如 DK 系列中的 KMM 可编程序控制器。

（2）固定程序控制器：又称为通用指示控制器。这类控制器的工作程序是事先编制好的，经固化后存储在控制器内。使用时，只需通过相应的功能开关直接选择使用即可，不需要另外编程。它的面板与电动模拟控制器相似，具有测量值（PV）、设定值（SV）和输出值（MV）指示表；能进行手动/自动操作的切换和控制模式（串级、计算机、跟踪）的设定；可以进行数据的设定和显示以及实现联锁报警等，如 DK 系列中的 KMS 固定程序控制器。

（3）可编程脉冲输出控制器：是以电动阀、电磁阀和旋转机构为执行器的可编程序控制器。

（4）混合控制器：这类控制器主要用于控制混合物的成分，使之按比例混合。它将设定器送来的设定信号和由其他仪表来的驱动脉冲信号，作为设定积算值，然后按一定的比率进行 PI 控制，实现高精度的混合。

（5）批量控制器：这类控制器主要用于批量装载的控制。工作时，在接受批量启动指令后，根据被测流量预先设定的批量，依照程序对瞬时流量进行 PI 控制，它可以单独构成定量装载控制系统，也可以与混合控制器组合构成混合装载系统，用于高精度定量装载控制。

下面以目前应用较多的 KMM 可编程序控制器为例，对它的组成及使用做一简单介绍。

KMM 可编程序控制器是日本山武－霍尼韦尔公司 DK 系列仪表中的一个主要品种，是为把集散控制系统中的控制回路，彻底分散为单一回路而开发的。KMM 实质上是一台用于过程控制的微型计算机，它集强大的控制功能、高级的数据运算与处理功能、先进的通信功能于一身，是电动模拟控制仪表所无法比拟的。但是，KMM 在外形设计、信号控制、人工操作方式等方面，与 DDZ－Ⅲ控制器相似或一致，因此使用非常方便。

图 2－2－3 是 KMM 控制器的正面面板布置图，各部件的功能已经标注在图上。另外在 KMM 机芯的右侧面，还有许多功能开关和重要的操作部件。例如用于人机对话的数据设定器（可自由装卸，以便多台控制器使用）；用来设定正面面板上的 PV、SP 指示表的具体指示内容，PID 控制的正、反作用的切换，显示切换，允许数据输入，赋初值等 6 个辅助开关；还有当控制器的自诊断功能检测出严重的故障时，用来代替控制器工作的备用手操器等。

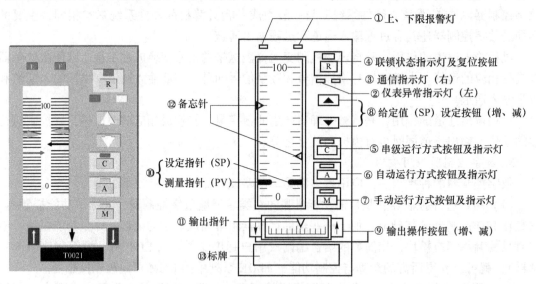

图 2－2－3　KMM 控制器正面面板布置图

KMM 的功能强大，它可以接受 5 个模拟输入信号（1～5 V DC），4 个数字输入信号。输出 3 个模拟信号（1～5 V DC），其中一个可以为 4～20 mA DC，输出 3 个数字信号。在 KMM 投入运行前，要根据需要进行程序编制和设置，这些工作一般由仪表技术人员根据工艺要求来进行。工艺操作人员必须熟悉控制器的各标志部件和各功能部件的作用以及操作方法，这样才能在正常和非正常状态下进行正确的操作。

## 四、看一看案例

**（一）工作准备**

（1）了解基本型控制器的操作。

（2）了解比例（P）、积分（I）、微分（D）参数的工程整定方法。

**（二）设备、工具、材料准备**

（1）螺丝刀一套。

（2）纸、笔、计算器。

**（三）实施**

（1）根据工艺的要求进行 PID 参数工程整定，分别确定 3 个参数值。

（2）将 3 个参数值设定到控制器。

（3）将控制器从手动控制切换到自动控制。

（4）工作完成后清理、打扫现场。

## 五、想一想、做一做

（1）在采用 PI 控制规律的控制系统中，工程上如何整定 P、I 参数？在 PID 控制系统中又如何整定 P、I、D 参数？

（2）什么叫数字控制器？数字控制器有哪些特点？

（3）KMM 数字控制器有何特点？

（4）完成工作任务报告。

# 情境2.3  执行器的选用与安装调试

**[引言]** 所谓的"执行器"，就是用来执行控制器下达命令的仪表，以改变操纵变量实现对工艺变量的控制作用。执行器是控制系统中不可缺少的一个重要单元。

执行器通过改变物料的流通量，使得被控变量能按照人们预期的方向变化。例如通过控制燃气的流量，可以控制加热炉内的温度；通过控制流入储槽的物料量，可以实现对储槽液位的控制等。

## 一、学习目标

（1）了解常用执行器的类型及工作原理。

（2）掌握气动执行器的工作方式。

（3）掌握气动执行器的选用与安装调试方法。

## 二、工作任务

气动薄膜调节阀的校验和调整。

## 三、知识准备

### (一) 执行器的分类

执行器按其使用的能源，可以分为气动执行器、电动执行器和液动执行器三大类。

电动执行器接收来自控制器的 4～20 mA DC 直流电流，并将其转换成相应的角位移或直线位移，去操纵调节机构（调节阀），改变控制量，使被控变量符合要求。电动执行器有角行程和直行程两种。具有角位移输出的叫作 DKJ 型角行程电动执行器，它能将 4～20 mA DC 的输入电流转换成 0°～90°的角位移输出；具有直行程位移输出的叫作 DKZ 型直行程电动执行器，它能将 4～20 mA DC 的输入电流转换成推杆的直线位移。这两种电动执行器都是以 220 V 交流电源为能源，以两相交流电动机为动力，因此不属于安全火花型防爆仪表。

电动执行器的优点主要是反应迅速，便于集中控制。但因其结构复杂，防火防爆性能差，使用受到一定的限制。

液动执行器主要利用液压推动执行机构，它具有推力大、适合负荷较大的优点，但因其辅助设备庞大且笨重，生产中很少使用。

目前，应用最多的是气动执行器。气动执行器习惯上称为气动调节阀，它以纯净的压缩空气作为能源，具有结构简单、动作平稳可靠、输出推力较大、维修方便、防火防爆等特点，广泛应用于石油、化工等工业生产的过程控制中，气动执行器除了可以方便地与各种气动仪表配套使用外，还可以通过电/气转换器或电/气阀门定位器，与电动仪表或计算机控制装置联用。本节主要介绍气动执行器的组成、工作原理及其选用。

### (二) 气动执行器的组成及工作原理

气动执行器由执行机构和调节机构（调节阀）两部分组成。其中执行机构是执行器的推动装置，它根据控制信号的大小产生相应的推力，推动调节机构动作。调节机构是执行器的调节部分，它直接与被控介质接触，以控制介质的流量。

根据执行机构结构的不同，气动执行器有薄膜式和活塞式两种。下面以薄膜式为例，介绍其工作原理。图 2-3-1 所示为薄膜式气动执行器外形示意图。

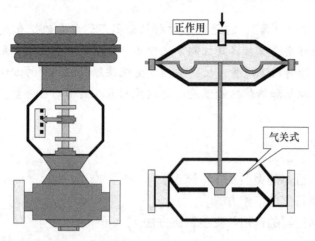

图 2-3-1　薄膜式气动执行器

执行机构有正作用和反作用两种形式。正作用执行机构的信号压力是从上膜盖引入，推杆随信号的增加向下产生位移；反作用执行机构的信号压力是从下膜盖引入，推杆随信号的增加向上产生位移。二者可以通过更换个别部件相互改装。

调节机构实际上就是一个阀门，是一个局部阻力可以改变的节流元件，主要由阀体、阀芯和阀座等组成。

### （三）调节阀的类型及工作方式

#### 1. 调节阀的类型

调节阀的结构形式很多，其分类主要是依据阀体及阀芯的形式。主要有直通阀（见图 2 - 3 - 2 (a)）、角形阀（见图 2 - 3 - 2 (b)）、蝶形阀（见图 2 - 3 - 2 (c)）、隔膜阀、笼式阀、凸轮挠曲阀、球阀等。

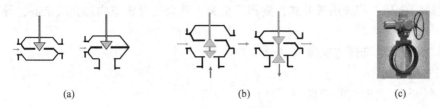

图 2 - 3 - 2　调节阀类型

(a) 直通阀；(b) 角形阀；(c) 蝶形阀

#### 2. 调节阀的工作方式

气动薄膜调节阀的工作方式有气开式和气关式两种。

（1）气开式：是指当输入的气压信号小于 20 kPa 时，阀门为关闭状态，当输入的气压增大时，阀门开度增加。即"有气则开，无气（≤20 kPa）则关"。图 2 - 3 - 3 (b) 和 (c) 为气开阀，其中图 2 - 3 - 3 (b) 的执行机构为正作用，阀芯反装；图 2 - 3 - 3 (c) 的执行机构则为反作用，阀芯正装。

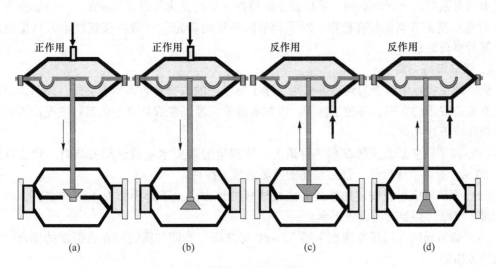

图 2 - 3 - 3　调节阀工作方式

(a) (d) 气关式；(b) (c) 气开式

（2）气关式：与气开式调节阀正好相反：当输入的气压信号小于 20 kPa 时，阀门为全开状态，当输入的气压增大时，阀门开度减小。即"有气则关，无气（≤20 kPa）则开"。如图 2-3-3（a）、（d）所示。其中图 2-3-3（a）的执行机构为正作用，阀芯正装；图 2-3-3（d）的执行机构则为反作用，阀芯反装。

气开式和气关式调节阀的结构大体相同，只是输入信号引入的位置和阀芯的安装方向不同。

调节阀气开式和气关式两种类型的选择很重要，选择的原则主要是考虑生产的安全。当信号压力中断时，应避免损坏设备和伤害人员。例如控制加热炉的燃气流量时，一般应选用气开式，当控制器出现故障或执行器供气中断时，气开式的阀门会全关，停止燃气供应，可避免炉温继续升高而导致事故。再如对于易结晶的流体介质，应选用气关式，当出现意外时，气关阀门全开；若选用气开式，则阀门全关，就会使得管道内的介质结晶，导致不良的后果。

**（四）调节阀的选择与安装**

1. 调节阀的选择

（1）气开/气关形式的选择。

气开/气关形式的选择关系到生产的安全，选择的原则在本节的第二部分已经叙述。

（2）结构形式的选择。

结构形式的选择首先要考虑工艺条件，如介质的压力、温度、流量等；其次考虑介质的性质，如黏度、腐蚀性、毒性、状态、洁净程度；还要考虑系统的要求，如可调比、噪声、泄漏量等。

（3）流量特性的选择。

调节阀生产厂提供的流量特性都是理想特性，常用的有快开型、直线型和等百分比（对数）型 3 种。

因为快开型调节阀符合两位式动作的要求，所以它适用于双位控制或程序控制的场合。直线型和对数型调节阀的选用，要根据系统特性、负荷变化等因素来决定。一般选择等百分比（对数）型调节阀比较有把握。对于调节阀口径的确定，一般由仪表技术人员按要求进行计算后再行确定。

2. 调节阀的安装

调节阀在实际中能否起到良好作用，除了与上述的选择是否得当有关外，还与调节阀的安装有关，安装的合理，将便于拆卸、维护和维修，使其能保持良好的运行工况。因此，安装时应注意下述几点。

（1）调节阀应垂直安装在水平管道上，特殊情况需要水平或倾斜安装时，除公称通径小于 50 mm 的调节阀以外，都必须在阀前后加装支撑件。

（2）调节阀应尽量安装在靠近地面或楼板的地方，上下都要留有足够的空间，以利操作和维护维修。必要时应设置平台。

（3）调节阀的环境温度应在 -30 ℃ ~60 ℃之间。当调节阀安装在有振动的场合时，应考虑防振措施。

（4）当调节阀用于高黏度、易结晶、易汽化以及低温流体时，应采取防冷和保温措施。

（5）安装时要保证流体流动方向与阀体上的箭头方向一致。

（6）调节阀应设置旁路阀，以便在调节阀出现故障时可通过旁路阀继续维持生产的正常进行。调节阀的两端应装切断阀，如图2-3-4所示。一般切断阀选用闸阀，旁路阀选用球阀。

（7）当调节阀用于较高黏度或含悬浮物的流体时，应加装冲洗管线。

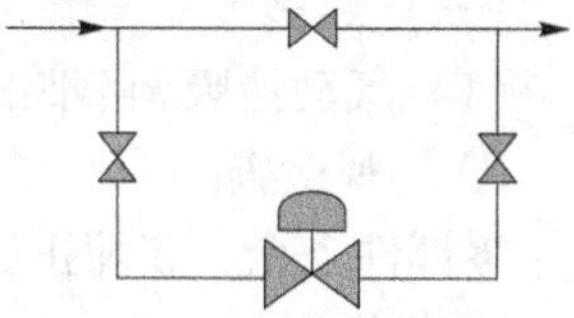

图2-3-4　调节阀旁路示意图

### （五）电/气转换器与电/气阀门定位器

气动执行器在使用中，常配备一些辅助装置，常用的有电/气转换器和阀门定位器以及手轮机构（见图2-3-5）。手轮机构是在开车或事故情况下，用于人工操作调节阀；阀门定位器主要是用于改善调节阀的静态和动态特性，还可通过它实现"分程控制"，而电/气转换器主要是将来自控制器的电信号转换成可以被调节阀接收的气信号。

1. 电/气转换器

电/气转换器的作用是将4~20 mA DC转换成20~100 kPa的标准气信号。如图2-3-6所示为电/气转换器实物图。

2. 电/气阀门定位器

电/气阀门定位器除了能起到电/气转换器的作用（即将4~20 mA DC转换成20~100 kPa的标准气信号）之外，还具有机械反馈环节，可以使阀门位置按照控制器送来的信号准确定位。

图2-3-5　带手轮调节阀

图2-3-6　电/气转换器

## 四、看一看案例

### （一）工作准备

（1）了解气动执行器的工作方式。

（2）掌握气动执行器的选用与安装调试方法。

（3）掌握气动薄膜调节阀的常见故障及处理方法。

### （二）设备、工具、材料准备

（1）配电/气阀门定位器的气动薄膜调节阀ZMAP-16K一台。

（2）压力为500 kPa的气源。

（3）信号发生器一台。

（4）螺丝刀、扳手各一套。

（5）纸、笔、计算器。

**（三）实施**

（1）气动薄膜调节阀的技术指标。

① 外观检查。

零部件齐全，装配正确，紧固件不得有松动、损伤等现象，整体整洁。

② 气源压力。

最大值为 500 kPa，额定值为 250 kPa。

③ 输入信号范围。

标准压力信号范围为 20～100 kPa；电/气阀门定位器，标准输入信号为 4～20 mA DC。

④ 执行机构室的密封性检查。

按产品说明书上规定的额定压力的气源通入封闭气室中，切断气源，5 min 内薄膜气室中的压力下降不能超过 2.5 kPa。

⑤ 耐压强度。

调节阀应以 1.5 倍公称压力进行不少于 3 min 的耐压试验，不应有肉眼可见的渗漏。

⑥ 填料函及其他连接处的密封性。

填料函及其他连接处的密封性，应保证在 1.1 倍公称压力下无渗漏。

⑦ 泄漏量。

调节阀在规定试验条件下的泄漏量应符合产品说明书规定的要求。

（2）电/气阀门定位器校验。

调试方法同电/气阀门定位器，只是将 4～20 mA 电流信号转换成 20～100 kPa 气压信号。具体调试：连接好定位器，通入规定气源压力，输入 20 kPa 气压信号，根据启动点调整零点螺钉，输入 60 kPa 气压信号后反馈杆应在水平位置，阀门行程位于 50%，加压至 100 kPa 时，根据最大行程调整量程（通常是调反馈杆连接点）。

（3）工作内容和步骤。

① 外观检查。

目测观察调节阀外观。

② 执行机构气室的密封性试验。

将额定压力（一般为 140 kPa）的气源输入薄膜气室中，切断气源，观察薄膜气室的压力。

③ 耐压强度试验。

用 1.5 倍公称压力的水，在调节阀的入口处输入阀内，调节阀的出口端封闭，使所有在运行中受压的阀腔同时承受 5 min 的试验压力，试验期间调节阀应处于全开位置。观察调节阀阀体是否有泄漏现象。

④ 填料函及其他连接处的密封性试验。

用 1.1 倍公称压力的水，在调节阀的入口处输入阀内，调节阀的出口端封闭，给调节阀输入信号，使阀杆做 1～3 次往复动作，持续时间应少于 5 min，观察调节阀的填料函及上、下阀盖与阀体的连接处是否有水泄漏。

⑤ 泄漏量试验。

按作用方式，使调节阀关闭。将水以恒定压力输入调节阀入口，另一端放空，用秒表和量杯测量其 1 min 的泄漏量。

⑥ 气动薄膜调节阀的调试及调整。

● 始点、终点的调试和调整。

用信号发生器输入 4 mA 信号给电/气阀门定位器，观察调节阀是否为关，检查执行机构刻度是否指示为 0，若始点偏差超过规定值，可调节执行机构的调节弹簧的松紧程度；将信号增加至 20 mA，观察调节阀是否为全开，检查执行机构刻度是否指示为 100%，若终点偏差超过规定值，可调节阀杆的长度。反复调整，直至始点、终点与输入信号对应。

● 正、反行程的测试。

用信号发生器分别给电/气阀门定位器输入全行程（4 ～ 20 mA）的 0%、25%、50%、75%、100%，记录执行机构上升和下降各点的刻度值。

⑦ 气动薄膜调节阀的常见故障及处理。

● 调节阀没有动作或动作迟缓。

原因：供气压力低。

检查：检查空气配管是否堵塞或泄漏；膜片紧固部分空气是否泄漏；推杆部分空气是否泄漏。

处理：清扫气源管或再配管；加固或更换膜片；拆卸、更换 O 形圈。

● 调节阀动作不稳定。

原因：电/气阀门定位器故障。

检查：气源是否带有杂质；电/气阀门定位器挡板、喷嘴位置是否移动或堵塞。

处理：针对查出故障及原因进行处理。

● 调节阀开不完或关不死。

原因：管道有杂质或调节阀阀芯磨损。

检查：配合工艺一起检查。

处理：针对查出故障及原因进行处理。

（4）原始记录。

按照表 2 - 3 - 1 所示，填写原始数据。

表 2 - 3 - 1  配电/气阀门定位器的气动薄膜调节阀原始校验记录

校验日期：　　　　　　　　　指导老师：

校验人：　　　　　　　　　　同组人：

被检表名称：　　　　　　　　型号：

标准仪器名称：　　　　　　　室温：　　　　　相对湿度：

| 输入信号 | | 执行机构 | | 误差 |
|---|---|---|---|---|
| | | 上行程 | 下行程 | |
| 0 | 4 mA | | | |
| 25% | 8 mA | | | |
| 50% | 12 mA | | | |
| 75% | 16 mA | | | |
| 100% | 20 mA | | | |
| | | | | |
| | | | | |

外观_____；基本误差：允许值_____，实际最大误差_____；
耐压强度_____；密封性_____。

(5) 工作报告格式和内容。

① 目的及要求。

② 原理接线图。

③ 原始数据记录，数据处理及试验结果。

④ 对工作中出现的现象进行分析。

(6) 工作完成后清理、打扫现场。

## 五、想一想、做一做

(1) 气动执行器由哪两部分组成？它的气开、气关是如何定义的？在实际应用中应如何选定？

(2) 选择调节阀时应考虑哪些问题？

(3) 调节阀在安装时应注意什么问题？

# 情境2.4　工业过程控制系统的应用

[引言] 综合运用控制理论、电子装备、仪器仪表、计算机和其他信息技术，对工业生产过程实现检测、控制、优化、调度、管理和决策，达到增加产量，提高质量、降低消耗、确保安全生产等目的，这样的一种综合技术称为工业过程自动化技术，它包括工业过程自动化软件、硬件及系统三大部分。

简单控制系统是目前生产过程自动化中最基本最广泛使用的系统，满足了大量定值控制的要求。但是随着生产的发展，工艺的更新，多变量作用下进行生产的情况日益增多，简单控制系统已经不能满足工艺要求，这就对自动化提出了更高的要求，复杂控制系统便应运而生。生产中常见的复杂控制系统有串级、均匀、比值、前馈、分程控制系统。

## 一、学习目标

(1) 了解工业过程自动检测系统和自动控制系统。

(2) 了解过程自动控制系统的各个环节。

(3) 掌握过程控制符号图。

(4) 能读懂和绘制控制点工艺流程图。

(5) 能确定过程控制系统的控制方案，选择合适的控制规律。

## 二、工作任务

冷凝器控制点工艺流程图识图，分析选用合适的控制规律。

## 三、知识准备

### (一) 过程自动检测系统

实现被测变量的自动检测、数据处理及显示（记录）功能的系统叫过程自动检测系统。自动检测系统由两部分组成：检测对象和检测装置。如图2-4-1所示为过程检测系统框图。

若检测装置由检测部分、转换放大和就地显示环节构成，则检测装置实际为一块就地显示的检测仪表。如单圈弹簧管压力表、玻璃温度计等。

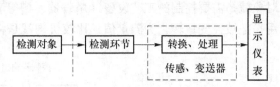

图 2 - 4 - 1 过程检测系统框图

若检测装置由检测部分、转换放大和数据处理环节与远传显示仪表（或计算机系统）构成，则把检测、转化、数据处理环节称为"传感器"（如霍尔传感器、热电偶、热电阻等），它将被测变量转换成规定信号送给远传显示仪表（或计算机系统）进行显示处理。若传感器输出信号为国际统一标准信号 4 ~ 20 mA DC 电流（或 20 ~ 100 kPa 气压），则称其为变送器（如压力变送器、温度变送器等）。

**（二）过程自动控制系统**

能替代人工来控制生产过程的装置组成了过程自动控制系统。由于生产过程中"定值系统"使用最多，所以常常通过"定值系统"来讨论过程自动控制系统。

图 2 - 4 - 2 是一个简单的"定值系统"范例——液位控制系统。其控制的目的是使液位维持在设定值（譬如满刻度的 50%）的位置上。

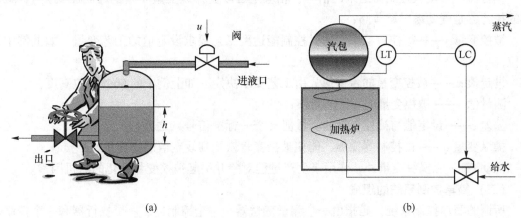

（a）                                                （b）

图 2 - 4 - 2 液位控制系统示意图

（a）人工控制系统；（b）自动控制系统

图 2 - 4 - 2（a）为人工控制系统。假如进水量增加，导致水位增加，人眼睛观察到液位计中的水位变化，并通过神经系统传给大脑，经与大脑中的设定值（50%）比较后，知道水位偏高（或偏低），故发出信息，指挥手开大（或关小）阀门，调节出水量，使液位变化。这样反复进行，直到液位重新稳定到设定值，从而实现了液位人工控制。

图 2 - 4 - 2（b）为自动控制系统。现场的液位变送器 LT 将液位检测出来，并转换成统一的标准信号传送给控制室内的控制器 LC，控制器 LC 再将测量信号与预先输入的设定信号进行比较得出偏差，并按预先确定的某种控制规律（比例、积分、微分的某种组合）进行运算后，输出统一标准信号给调节阀，调节阀改变开启度，控制进水量。这样反复进行，直到液位恢复到设定值为止，从而实现液位的自动控制。

过程自动控制系统的基本组成框图如图 2 - 4 - 3 所示，从图中可知，过程自动控制系统主要由工艺对象和自动化装置（执行器、控制器、检测变送器）两个部分组成。其中工艺对象就是需要控制的工艺设备（塔、器、槽等）、机器或生产过程；检测元件和变送器的作用是把被控变量转化为测量值；比较机构就是将设定值与测量值进行比较并产生偏差值。

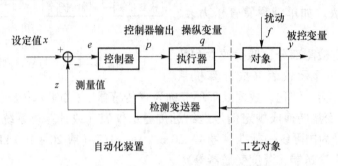

图 2 - 4 - 3　过程自动控制系统组成框图

控制器——根据偏差的正负、大小及变化情况，按预定的控制规律实施控制作用，比较机构和控制器通常组合在一起，它可以是气动控制器、电动控制器、可编程调节器、集中分散型控制系统（DCS）等；

执行器——接收控制器送来的信号，相应地去改变操纵变量 $q$ 以稳定被控变量 $y$，最常用的执行器是气动薄膜调节阀；

被控变量 $y$——被控对象中，通过控制能达到工艺要求设定值的工艺变量，如上例中的液位；

设定值 $x$——被控变量的希望值，由工艺要求决定，如上例中的50%液位高度；

测量值 $z$——被控变量的实际测量值；

偏差 $e$——设定值与被控变量的测量值（统一标准信号）之差；

操纵变量 $q$——由控制器操纵，能使被控变量恢复到设定值的物理量或能量；

扰动 $f$——除操纵变量外，作用于生产过程对象并引起被控变量变化的随机因素。

**（三）简单控制系统的组成**

所谓的简单控制系统，是指由一个测量变送器、一个控制器、一个执行器和一个控制对象所构成的闭环控制系统，也称为单回路控制系统。如图 2 - 4 - 4 所示，为一典型的液位简单控制系统实例。其中图 2 - 4 - 4 （a）为简单控制系统组成框图，图 2 - 4 - 4 （b）为简单控制系统组成控制符号图。

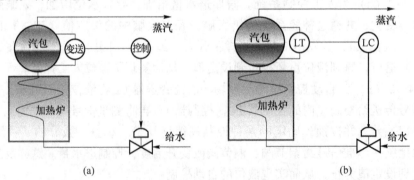

图 2 - 4 - 4　液位控制系统示意图

（a）组成框图；（b）组成控制符号图

由图可看出简单控制系统构成简单，所需的仪表数量很少，投资也很少，操作维护也比较方便，且在一般情况下，都能满足生产过程中工艺控制质量的要求。

**（四）控制符号图**

控制符号图通常包括字母代号、图形符号和数字编号等，将表示某种功能的字母及数字组合成的仪表位号置于图形符号之中，就表示出了一块仪表的位号、种类及功能。

1. 图形符号

（1）连接线：通用的仪表信号线均以细实线表示。在需要时，电信号可用虚线表示；气信号在实线上打双斜线表示。

（2）仪表的图形符号：仪表的图形符号是一个细实线圆圈。对于不同的仪表，其安装位置也有区别，图形符号如表2-4-1所示。

**表2-4-1  仪表安装位置图形符号**

| 序号 | 安装位置 | 图符 | 序号 | 安装位置 | 图符 |
|---|---|---|---|---|---|
| 1 | 就地安装仪表 | ○ | 4 | 就地仪表盘安装 | ⊖ |
| 2 | 嵌在管道就地安装 | —○— | 5 | 集中仪表盘后安装 | (---) |
| 3 | 集中仪表盘面安装 | ⊖ | 6 | 就地仪表盘后安装 | (====) |

2. 字母代号

（1）同一个字母在不同位置有不同的含义或作用，处于首位时表示被测变量或被控变量；处于次位时作为首位的修饰，一般用小写字母表示；处于后继位时代表仪表的功能或附加功能。例如

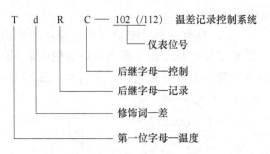

根据上述规定，可以看出TdRC实际上是一个"温差记录控制系统"的代号。

（2）常用字母功能。①首位变量字母：压力（P）、流量（F）、物位（L）、温度（T）、成分（A）；②后继功能字母：变送器（T）、控制器（C）、执行器（K）。

（3）附加功能：仪表有记录功能（R）、指示功能（I），都放在首位和后继字母之间。

（4）开关或联锁功能（S）、报警功能（A），都放在最末位。需要说明的是，如果仪表同时有指示和记录附加功能，只标注字母代号"R"；如果仪表同时具有开关和报警功能，

只标注代号"A";当"SA"同时出现时,表示仪表具有联锁和报警功能。常见字母变量功能如表 2 - 4 - 2 所示。

表 2 - 4 - 2  字母代号的含义

| 字母 | 第一位字母 被测变量或初始变量 | 后继字母 修饰词 | 后继字母 功能 | 字母 | 第一位字母 被测变量或初始变量 | 后继字母 修饰词 | 后继字母 功能 |
|---|---|---|---|---|---|---|---|
| A | 分析(成分) | | 报警 | N | 供选用 | | 供选用 |
| B | 喷嘴火焰 | | 供选用 | O | 供选用 | | 节流孔 |
| C | 电导率 | | 控制 | P | 压力或真空 | | 试验点(接头) |
| D | 密度 | 差 | | Q | 数量或件数 | 积分累积 | 积分、积算 |
| E | 电压(电动势) | | 检测元件 | R | 放射性 | | 记录、打印 |
| F | 流量 | 比(分数) | | S | 速度、频率 | 安全 | 开关或联锁 |
| G | 尺度(尺寸) | | 玻璃 | T | 温度 | | 传送 |
| H | 手动(人工触发) | | | U | 多变量 | | 多功能 |
| I | 电流 | | | V | 黏度 | | 阀、挡板 |
| J | 功率 | 扫描 | | W | 重量或力 | | 套管 |
| K | 时间或时间程序 | | 自动 - 手动操作 | X | 未分类 | | 未分类 |
| L | 物位 | | 指示灯 | Y | 供选用 | | 继动器 |
| M | 水分或湿度 | | | Z | 位置 | | 驱动、执行器 |

**3. 仪表的位号及编号**

每台仪表都应有自己的位号,一般由数字组成,写在仪表符号(圆圈)的下半部分。例如:108 表示第一工段 08 号仪表。

综上所述,图 2 - 4 - 5(a)表示一个"带记录和报警功能的温差控制器,并且安装在第一工段 08 号位置上"。需要说明的是,在工程上执行器使用最多的是气动调节阀,所以控制符号图中,常用阀的符号代替调节阀(执行器)的符号,如图 2 - 4 - 5(b)所示。

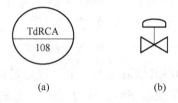

(a)　　　　　　　　　(b)

图 2 - 4 - 5  仪表控制符号示意图

**4. 仪表符号图例**

仪表符号图例如图 2 - 4 - 6 所示。

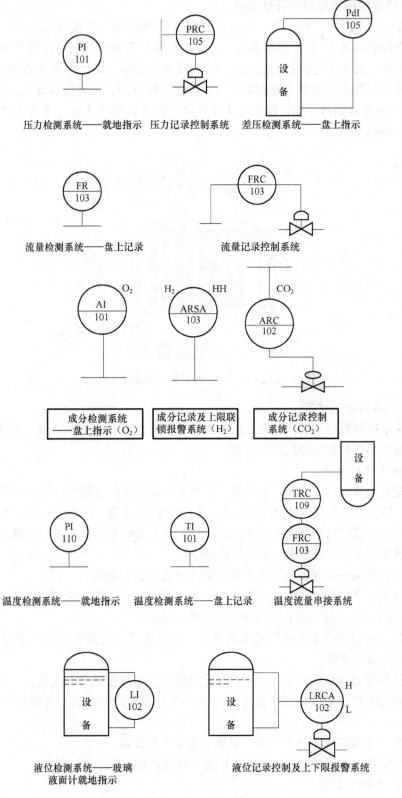

图 2 - 4 - 6 仪表符号图例

### （五）简单控制系统控制符号识图

如图2-4-7所示，是一个"氨冷却器温度控制系统"带控制点的工艺流程图。图中有两个简单控制系统，"温度控制系统"是通过气氨的流量来控制氨冷却器的物料出口温度的，是主系统。其中 TT 为温度变送器、TC 为温度控制器、执行器为气动调节阀。"液位控制系统"是通过液氨的流量来控制氨冷却器的液氨液位的，是辅助系统。其中 LT 为液位变送器、LC 为液位控制器、执行器为气动调节阀。辅助系统"液位"是为了稳定主系统"温度"而引入的附加系统。

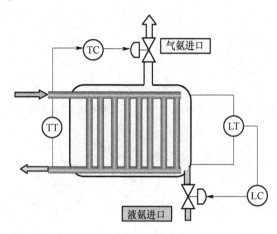

图2-4-7　氨冷却器温度控制系统

### （六）控制方案的确定

对于简单控制系统来说，控制方案的确定包括系统被控变量的选择、操纵变量的选择、执行器的选择和控制规律的选择等内容。

1. 被控变量的选择

被控变量的选取对于提高产品质量、安全生产以及生产过程的经济运行等因素具有决定性的意义。因此，必须深入了解工艺机理，找出对产品质量、产量、安全、节能等方面具有决定性的作用，同时又要考虑人工难以操作，或者人工操作非常紧张、步骤较为烦琐的工艺变量作为被控变量。这里给出一般性的选择原则：

（1）被控变量一定是反映工艺操作指标或状态的重要变量。

（2）如果工艺变量本身（如温度、压力、流量、液位等）就是工艺要求控制的指标（称直接指标），应尽量选用直线指标作为被控变量。

（3）如果直接指标无法获得或很难获得，则应选用与直接指标有"单值对应关系"的间接指标作为被控变量。

（4）被控变量应该是为了保持生产稳定且需要经常控制调节的变量。

（5）被控变量一般应该是独立可控的，不至于因调整它而引起其他变量有明显变化的变量。

（6）被控变量应该是易于测量、灵敏度足够大的变量。

了解被控变量的选择要求，有利于控制系统的正常操作。

2. 操纵变量的选择

在过程生产中，扰动是客观存在的，它是影响控制系统平稳操作的一种消极因素，而操纵变量则是专门用来克服扰动的影响，使控制系统重新恢复稳定（即让被控变量回归其设定值）的因素。因此正确选择操纵变量是十分重要的。操纵变量的选择应考虑以下原则：

（1）操纵变量应对被控变量的影响大，反应灵敏，且使控制通道的放大系数大，时间常数小，滞后小。并能保证对被控变量的控制作用有力且及时。

（2）使扰动通道的时间常数尽量大，放大系数尽量小，把执行器（调节阀）尽量靠近扰动输入点，以减小扰动的影响。

（3）操纵变量是工艺上合理且允许调整又可以控制的变量。

3. 执行器的选择

在过程控制中，使用最多的是气动执行器，其次是电动执行器。而气动执行器中主要是以气动薄膜控制阀为主，选用的原则主要是考虑"安全"准则。气动调节阀分气开、气关两种形式，主要根据控制器输出信号为零（或气源中断）时，工艺生产为安全状态时需要阀门开或闭来选择气开、气关阀的。若气源中断时，工艺需要控制阀关死，则应选用"气开阀"；若气源中断时，工艺需要调节阀全开，则应选用"气关阀"。

4. 控制规律的选择

控制器控制规律的选择对于系统的控制品质具有决定性的影响，所以选用合适的控制规律将十分重要，大致如下：

（1）对于对象控制通道滞后小，负荷变化不大，工艺要求不太高，被控变量可以有余差以及一些不太重要的控制系统，可以只用比例控制规律（P），如中间储罐的液位、精馏塔的塔釜液位等。

（2）对于控制通道滞后较小，负荷变化不大，而工艺变量不允许有余差系统，如流量、压力和要求严格的液位控制，应当选用比例－积分控制规律（PI）。

（3）由于微分作用对克服容量滞后有较好的效果，对于容量滞后较大的对象（如温度）一般引入微分规律，构成PD或PID控制规律。对于纯滞后，微分作用无效。对于容量滞后小的对象，可不必用微分规律。

当控制通道的时间常数或滞后时间很大时，并且负荷变化也很大的场合，简单控制系统很难满足工艺要求，就应当采用复杂系统来提高过程控制的质量。一般情况下，可按表2-4-3来选用控制规律。

表2-4-3 控制规律选择参考

| 变量 | 流量 | 压力 | 液位 | 温度 |
|---|---|---|---|---|
| 控制规律 | PI | PI | P、PI | PID |

（七）串级控制系统

1. 串级控制系统的概念

串级调节系统是复杂调节的一种形式，是在简单调节系统的基础上发展起来的。在工艺对象的滞后较大，干扰比较剧烈、频繁的工作环境下，采用简单调节系统往往调节质量较差，满足不了工艺要求。如图2-4-8所示，为加热炉出口温度与炉膛温度组成的串级控制系统。通过把出口温度控制器的输出作为炉膛温度控制器的设定值，与炉膛温度比较后的偏差，作为炉膛温度控制器的输入。炉膛温度控制器据此去控制燃料油进口阀，改变燃料油进口流量，以控制出口介质温度的稳定。

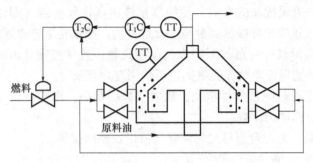

图 2-4-8　出口温度与炉膛温度串级控制系统

由此，凡用两个控制器串联工作，主控制器的输出作为副控制器的给定值，由副控制器输出去调节执行器，结构上形成两个闭合回路，这样的控制系统称为串级控制系统。

2. 串级控制系统的组成

如图 2-4-9 所示为串级控制系统的组成方块图。

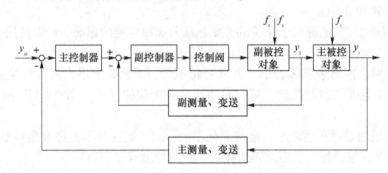

图 2-4-9　串级控制系统方块图

串级控制系统的名词术语：

主参数：工艺控制指标，在串级控制系统中起主导作用的被控变量；

副参数：在串级控制系统中为了稳定主参数而引入的中间辅助变量；

主被控对象：为主参数表征其特性的生产设备；

副被控对象：为副参数表征其特性的生产设备；

主控制器：按主参数的测量值与给定值的偏差进行工作的调节器，其输出作为副调节器的给定值，在系统中起主导作用；

副控制器：按副参数的测量值与主调节器输出值的偏差进行工作的调节器，其输出直接控制执行机构的动作；

主回路：由主测量、变送，主、副控制器，执行机构和主、副被控对象构成的外回路，也称外环或主环；

副回路：由副测量、变送，副控制器，执行机构和副被控对象所构成的内回路，也称内环或副环。

3. 串级控制系统的特点

串级控制系统是改善和提高控制品质的一种极为有效的控制方案。它与单回路反馈控制系统比较，由于在系统的结构上多了一个副回路，所以具有以下 3 个特点：

（1）系统中有两个调节器和两个变送器。

（2）系统中有两个调节回路，一个称为主回路，一个称为副回路。主回路中的调节器为主调节器，副回路中的调节器为副调节器。系统由于存在副回路，只要扰动进入副回路，不等它影响到主参数的变化，就可以通过副回路的及时调节，消除该扰动对主参数的影响，从而提高了主参数的控制质量。

（3）串级控制系统，主回路是一个定值控制系统，而副回路则是一个随动系统。主调节器的输出按照扰动的变化，不断改变副调节器的给定值，使副回路调节器的给定值适应扰动的变化，所以具有一定的自适应能力。

**（八）均匀控制系统**

1. 均匀控制系统的概念

在一个连续生产过程中，随着生产的进一步强化，使得前后生产过程的关系更加紧密了，往往出现前一设备的出料直接作为后一设备的进料，而后者的出料又连续输送给其他设备作进料。现以连续精馏的多塔分离过程为例，如图 2 - 4 - 10 所示。

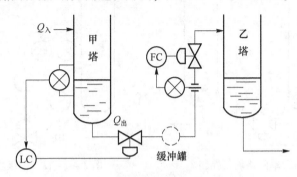

图 2 - 4 - 10 前后精馏塔的供求关系

甲塔的出料作为乙塔的进料，甲塔液位上升，则出料阀开大，以达到甲塔液位控制要求，如果为满足甲塔要求，开大出料阀，势必引起乙塔进料的增加，而乙塔的流量控制要求关小乙塔进料阀门，由此可见两塔的供求关系是矛盾的。

为解决这一供求矛盾，从工艺上考虑，通过增加缓冲罐可以解决。但是，增加缓冲罐，既要增加设备投资还要扩大装置占地面积，总投入资金相对加大。这个方法并不可行。因此解决的途径只能通过改变控制方案进行。为此引入均匀控制系统。也就是解决前后塔物料的供求矛盾，操作上要前后兼顾，使液位和流量均匀变化，为此组成均匀控制系统。

均匀控制是指一种控制目的，从其控制要求来看，有如下特点：

（1）两个参数在控制过程中都应当是变化的，不是恒定的；

（2）两个参数在控制过程中的变化应当是缓慢的；

（3）两个参数的变化应在各自允许的范围之内。

所以均匀控制与一般的定值控制不同，不能用对定值控制的要求来衡量它。

2. 均匀控制系统方案

（1）单回路均匀控制系统

如图 2 - 4 - 11 所示，单回路均匀控制系统结构上与简单回路相同，只是动态指标不一样。单回路均匀控制系统结构与简单调节系统的差别：控制器的参数整定不同，简单调节系统是定值控制，给定值不变；而对于简单均匀控制系统，液位控制可以在一个规定的范围，并使排出流量做缓慢变化，比例度可以整定得很大，一般大于100%。当有扰动作用时，如液位超出控制范围，要加入积分作用，可以消除余差。控制器作用可为P或PI调节。

单回路均匀控制系统结构简单，控制缓慢、不够及时，适用于扰动不大或控制要求不高的场合。

（2）串级均匀控制系统

如图2-4-12所示，串级均匀控制系统在结构上保持了串级控制系统的特点，但在控制器参数整定上是按均匀控制的要求：液位和流量均匀变化。所以与串级系统加快控制过程不同，整个系统控制过程要求缓慢而平稳。

一般情况下，对于串级均匀控制系统，控制器都是采用比例调节，当控制要求比较高，为防止偏差值超出允许的范围，才引入适当的积分作用。串级均匀控制系统控制质量较高，广泛应用在工业生产过程中。

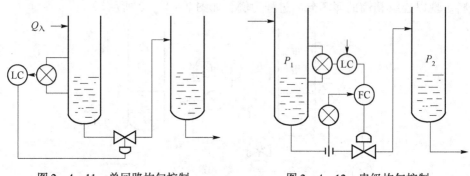

图2-4-11　单回路均匀控制　　　　图2-4-12　串级均匀控制

### （九）比值控制系统

在化工、炼油及其他工业生产过程中，工艺上常需要两种或两种以上的物料保持一定的比例关系，比例一旦失调，将影响生产或造成安全事故。例如合成氨生产中，以氨气和重油为原料，造气炉的氨气和重油需保持一定比例。若氨油比过高，可能使喷嘴和造气炉的耐压砖遭到破坏，甚至引起炉子爆炸；而如果氨油比过低，生产的炭黑将增多，还会发生堵塞现象。因此，为保证正常和安全生产，对比值控制提出了各种要求。

由此，在连续生产过程中，凡是实现两个或两个以上参数符合一定比值关系的控制系统，称为比值控制系统。比值控制系统通常是指流量之间的比值控制，被控对象就是两个流量管道，一般以生产中主要物料的流量为主动信号。

比值控制系统可分为：开环比值控制系统，单闭环比值控制系统，双闭环比值控制系统，变比值控制系统，串级和比值控制组合的系统，等等。

比值控制系统因结构和控制目的各不相同，构成的方案也较多，下面仅介绍其中的3种。

1. 开环比值控制系统

开环比值控制系统结构如图2-4-13所示。$F_1$为主动流量（主流量），$F_2$为从动流量（副流量），当$F_1$变化时，$F_2$要随着$F_1$的变化而变化，使$F_1/F_2 = K$，保持一定的比值关系，由于测量信号取自主动流量$F_1$，而控制信号去控制从动流量$F_2$，整个系统不能形成闭环回路，所以是开环比值控制。

开环比值控制系统结构简单，用一台控制器就能实现。对于 $F_2$ 很稳定的场合是适用的。但生产过程中，$F_2$ 会经常地变动，由于系统是开环的，对从动流量 $F_2$ 的波动无法克服，所以生产中很少使用。

2. 单闭环比值控制系统

单闭环比值控制系统结构如图 2-4-14 所示。单闭环比值控制系统克服了开环比值控制系统的不足，通过增加一个副流量的闭环控制系统，使副流量随着主流量而改变，从而有效地克服副流量本身受到干扰时对比值的影响。从形式上看有点像串级控制，但主回路没有闭合，主控制器只接受主流量的测量信号，却不控制主流量。

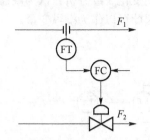

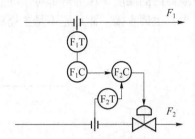

图 2-4-13 开环比值控制系统　　　图 2-4-14 单闭环比值控制系统

单闭环比值控制系统主控制器一般采用比例控制，而副控制器则采用比例-积分控制。

对于单闭环比值控制，两物料量的比值控制较为精确，但由于主流量不受控制，使总物料量不固定，当负荷变化幅度较大时，还是不能适应生产要求。

3. 变比值控制系统

上面介绍的两种都是定比值系统，但在工业生产中会要求两物料的比值随着生产条件的变化而改变，以达到最好的控制效果。例如在合成氨变换炉生产过程中，用蒸汽控制一段触媒层温度，蒸汽与水煤气的比值应随一段触媒层温度的改变而改变，由此就构成了串级比值控制系统，如图 2-4-15 所示。比值的变化由温度控制器根据催化剂温度的变化而向副控制器输出设定值，使原来的比值随着变换炉温度的变化而变化。这种控制系统控制精度高，应用范围广。比值控制要求从动流量能迅速及时随主动流量变化，而且越快越好，所以比值控制也属于随动控制。

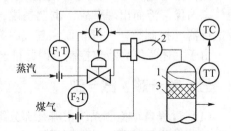

图 2-4-15 变比值控制系统
1—变换炉；2—喷射泵；3—触媒层

## 四、看一看案例

### （一）工作准备

（1）了解工业过程自动检测系统和自动控制系统。

（2）了解过程自动控制系统的各个环节。

（3）掌握过程控制符号图。

（4）能读懂和绘制控制点工艺流程图。

（5）会确定过程控制系统的控制方案、选择合适的控制规律。

**（二）设备、工具、材料准备**

纸、笔、计算器。

**（三）实施**

分析冷凝器的控制点工艺流程图，并完成分析报告。

如图 2 - 4 - 16 所示，工艺要求冷凝器的液位要控制在设定值的 50% 左右，经分析发现，该冷凝器的液位是能反映冷凝器工作状态的一个重要变量，而且是工艺要求的直接指标，也就是需要经常控制、有独立可调且易于检测的变量，因此把液位选择为被控变量应该最为合适。然而，能影响冷凝器液位的因素较多，如进入冷凝器的液态丙烯流量的大小，气态丙稀排除流量的大小，冷凝器内的温度、压力等都可以导致液位发生变化。经分析，认为液态丙稀的流量对液位影响最大，也最直接。而且还不是主物料流量，因此可以作为操纵变量。

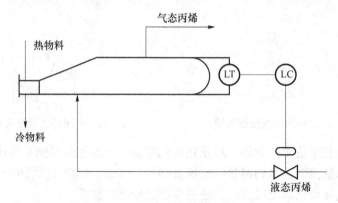

图 2 - 4 - 16　冷凝器的液位控制

执行器应选用"气开阀"，这是因为在任何时候，都不能使冷凝器的液态丙烯液位过高使气态丙稀带液而出现事故，也就是说，一旦控制器 LC 送出信号为零（或气源中断），应使执行器（控制阀）关死，而恢复气源或控制器有控制信号来时，控制阀应能打开。

由于上述举例为液位控制，因此可选择比例 P 或比例 - 积分 PI 控制规律。

## 五、想一想、做一做

（1）过程自动检测系统由哪几部分组成？如何进行分类？

（2）什么是过程自动控制系统？一个过程自动控制系统由哪几个环节组成？

（3）什么是简单控制系统？试画出简单控制系统组成框图。

（4）什么是串级控制系统？串级控制的目的是什么？适用于哪些场合？

（5）什么是均匀控制系统？均匀控制的目的是什么？适用于哪些场合？

（6）比值控制的目的是什么？有哪几种形式？分别适用于哪些场合？

# 情境 2.5　过程控制系统的投运

**[引言]**　一个工业过程自动控制系统的设计、安装、调试、参数设定完成后，就可以将系统投入运行，无论哪种控制系统，其投运一般都分三大步骤，即准备工作、手动投运、自

动运行。

## 一、学习目标

（1）掌握简单控制系统投运的步骤、注意事项。
（2）会判断构成控制系统各个环节的作用方向。
（3）会验证过程控制系统的负反馈。
（4）能分析、判断、处理过程控制系统常见的故障。
（5）能操作控制器投入运行。

## 二、工作任务

判断液位过程控制系统各环节的作用方向，验证负反馈的形成。

## 三、知识准备

### （一）投运前的准备工作

（1）熟悉工艺过程。了解工艺机理、各工艺变量间的关系、主要设备的功能、控制指标和要求等。

（2）熟悉控制方案。对所有检测元件和控制阀的安装位置、管线走向等要做到心中有数，并掌握过程控制工具的操作方法。

（3）对检测元件、变送器、控制器、执行器和其他有关装置，以及气源、电源、管路等进行全面检查，保证处于正常状态。

（4）熟悉负反馈控制系统的构成。过程控制系统应该是具有被控变量负反馈的闭环系统。即如果被控变量值偏高，则控制作用应该使之降低，反之亦反。

"负反馈"的实现，完全取决于构成控制系统各个环节的作用方向。也就是说，控制系统中的对象、变送器、控制器、执行器都有作用方向，可用"＋""－"号来表示。为使控制系统构成负反馈，则四个环节的作用方向的乘积应为"－"。以下就各环节的作用方向进行分析。

（1）被控对象的作用方向：确认被控变量和操纵变量，当控制阀开大时，如果被控变量增加，则对象为"正作用方向"（记为"＋"号）。例如，图2－5－1所示的储槽液位控制系统，被控变量为储槽液位 $L$，操纵变量为流体流出的流量 $F$。当控制阀开大时，$F$ 增大，则 $L$ 下降，所以该对象的作用方向为"反作用方向"（－）。

（2）变送器的作用方向：一般来说变送器的作用方向只有一个选择，即正方向，因为它要如实反映被控变量的大小，所以被控变量液位 $L$ 增加，其输出信号也自然增大。所以变送器总是记为"＋"。

（3）执行器的作用方向（指阀门的气开、气关形式）：在前面章节已经提到过，要从安全角度来选择执行器气开、气关形

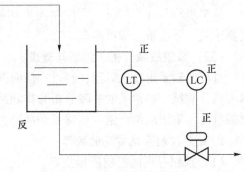

图2－5－1　液位控制系统

式，一般来说，假若出现突发事故，断掉信号后，从安全角度，工艺上需要阀门全开，则选用"气关阀"（记为"－"号），若需要阀全关，则选用"气开阀"（记为"＋"号）。如果本例不允许储槽液位过低，否则会发生危险，则从安全角度，选用"气开阀"（记为"＋"号）。

（4）控制器的作用方向：前面3个环节的作用方向除了变送器是固定的以外，其余两个是随工艺和控制方案的确定而确定的，不能随意改变。所以就希望控制器的作用能具有灵活性，可根据需要任意选择和改变。这就是控制器一定要有正/反作用选择功能的原因所在。控制器的作用方向要由其他几个环节来决定。

因为要求："对象"×"变送器"×"执行器"×"控制器"＝"负反馈"

所以对于本例题就有："－"×"＋"×"＋"×"控制器"＝"－"

所以，"控制器"＝"＋"，即该控制器必须为"正作用"。上述为简单系统控制器的作用方向选择准则及方法，目的是为了构成负反馈。

（5）控制器控制规律的选择：构成负反馈的过程控制系统，只是实现良好控制的第一步，下一步就是要选择好控制器的控制规律。控制规律对控制质量影响很大，必须根据不同的过程特性（包括对象、检测元件、变送器及执行器的用途等）来选择相应的控制规律，以获得较高的控制质量，前面已经描述，这里不再重复。

**（二）手动投运**

（1）首先通气、加电，保证气源、电源正常。

（2）将测量变送器投入工作，用高精度的万用表检测测量变送器信号是否正常。

（3）使控制阀的上游阀、下游阀关闭，手调旁路阀门，使流体从旁路通过，使生产过程投入运行。

（4）用控制器自身的手操电路进行遥控（或者用手动定值器），使控制阀达到某一开度。等生产过程逐渐稳定后，再慢慢开启上游阀，然后慢慢开启下游阀，最后关闭旁路，完成手动投运。

**（三）切换到自动状态**

在手动控制状态下，一边观察仪表指示的被控变量值，一边改变手操器的输出信号（相当于人工控制器）进行操作。待工况稳定后，即被控制变量等于或接近设定值时，就可以进行手动到自动的切换。

如果控制质量不理想，微调PID的$\delta$、$T_d$、$T_i$参数使系统质量提高，进入稳定运行状态。

**（四）控制系统停车**

停车步骤与开车相反。将控制器先切换到"手动"状态，从安全角度使控制阀进入工艺要求关、开位置，即可停车。

**（五）系统故障分析、判断与处理**

过程控制系统投入运行，经过一段时间的使用后会逐渐出现一些问题。作为过程工艺技术人员，掌握一些常见的故障分析和排除故障处理诀窍，对维护生产过程的正常运行具有重要的意义。下面简单介绍一些常见的故障判断和处理方法。

1. 过程控制系统常见的故障

（1）控制过程的控制质量变坏。

（2）检测信号不准，仪表失灵。

（3）压缩机、大风机输出管道喘振。

（4）反应釜在工艺设定的温度下产品质量不合格。

（5）DCS 现场控制站 FCS 工作不正常。

（6）在现场操作站 OPS 上运行软件时找不到网卡存在。

（7）DCS 执行器操作界面显示"红色通信故障"。

（8）DCS 执行器操作界面显示"红色模板故障"。

（9）显示画面各监测点显示参数无规则乱跳等。

2. 故障的简单判别

在工艺生产过程出现故障时，首先判断是工艺问题还是仪表本身问题，这是故障判断的关键。一般来讲主要通过下面几种方法来判断。

（1）记录曲线的比较。

① 记录曲线突变：工艺变量的变化一般是比较缓慢的、有规律的，如果曲线突然变化到"最大"或"最小"两个极限位置上，则很可能是显示仪表的故障。

② 记录曲线突然大幅度变化：各个工艺变量之间往往是互相联系的，一个变量的大幅度变化一般总是引起其他变量的明显变化，如果其他变量无明显变化，则这个指示大幅度变化的仪表（及其附属元件）可能有故障。

③ 记录曲线不变化（呈直线）：目前的仪表大多数很灵敏，工艺变量有一点变化都能有所反应。如果较长时间内记录曲线一直不动或原来的曲线突然变直线，就要考虑是否是仪表有故障。这时，可以任意地改变一点工艺条件，看看仪表有无反应，如果无反应，则仪表有故障。

（2）控制室仪表与现场同位仪表的比较。

对控制室的仪表指示有怀疑时，可以去看现场的同位置（或相近位置）安装的直观仪表的指示值，两者的指示值应当相等或相近，如果差别很大，则仪表有故障。

（3）仪表同仪表之间的比较。

对一些重要的工艺变量，往往用两台仪表同时进行检测显示，如果二者不同时变化，或指示不同，则其中一台有故障。

3. 典型问题的经验判断及处理方法

利用一些有经验的过程工艺技术人员对控制系统及工艺过程中积累的经验来判别故障，并进行故障排除。譬如，上述常见故障处理方法如表 2-5-1 所示。

表 2-5-1　故障的经验判断处理

| 故障 | 原因 | 故障排除方法 |
|---|---|---|
| 控制过程的控制质量变坏 | 对象特性变化设备结垢 | 调整 PID 参数 |
| 测量不准或失灵 | 测量元件损坏、管道堵塞、信号线断 | 分段排查更换元件 |
| 控制阀控制不灵敏 | 阀芯卡堵或腐蚀 | 更换 |
| 压缩机、大风机的输出管道喘振 | 控制阀全开或全闭 | 不允许全开或全闭 |
| 反应釜在工艺设定的温度下产品质量不合格 | 测量温度信号超调量太大 | 调整 PID 参数 |

| 故障 | 原因 | 故障排除方法 |
|---|---|---|
| DCS 现场控制站 FCS 工作不正常 | FCS 接地不当 | 接地电阻小于 4 Ω |
| 在现场操作站上运行软件时找不到网卡存在 | 工控机上网卡地址不对，中断设置有问题 | 重新设置 |
| DCS 执行器操作界面显示"红色通信故障" | 通信连线有问题或断线 | 按运行状态设置"正常通信" |
| DCS 执行器操作界面显示"红色模板故障" | 模板配置和插线不正确 | 重插模板、检查跳线、配置 |
| 显示画面各检测点显示参数无规则乱跳等 | 输入、输出模拟信号屏蔽故障 | 信号线、动力线分开；变送器屏蔽线可靠接地 |

## 四、看一看案例

### （一）工作准备

（1）了解简单控制系统投运的步骤、注意事项。

（2）会判断构成控制系统各个环节的作用方向。

（3）会验证过程控制系统的负反馈。

（4）能分析、判断、处理过程控制系统常见的故障。

### （二）设备、工具、材料准备

（1）螺丝刀、扳手各一套。

（2）纸、笔、计算器。

### （三）实施

（1）判断图 2 - 5 - 1 液位控制系统各环节的作用方向，验证负反馈的形成。

（2）完成工作报告。

## 五、想一想、做一做

（1）过程控制系统投运需要哪几个步骤？

（2）过程控制系统常见的故障有哪些？

（3）如何验证过程控制系统的负反馈？

（4）如何判断过程控制系统常见的故障？

# 情境 2.6　计算机过程控制系统的应用

[引言] 工业生产规模日益大型化、复杂化、精细化、批量化。随着计算技术和网络技

术的发展，已将计算机用于过程控制系统，计算机装置涌现出了多种类型的体系结构，由单片机控制发展到分布式控制系统（集散控制系统）、工业控制机型控制系统、远程I/O控制系统、现场总线控制系统、现场总线集散控制系统。

## 一、学习目标

（1）了解计算机控制系统的结构。
（2）了解工业总线控制系统的结构。
（3）掌握集散控制系统在蔗糖生产企业中的应用。

## 二、工作任务

过程控制系统的投运，分析、判断、处理故障。

## 三、知识准备

### （一）计算机控制系统的组成及特点

一个计算机控制系统由控制对象、检测仪表、执行器、控制计算机组成，如图2-6-1所示。

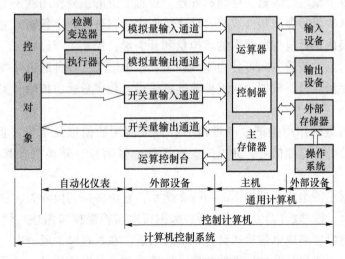

图2-6-1　计算机控制系统的基本组成

由于工业控制计算机本身的特点，计算机控制系统具有以下特性及要求。

1. 环境适应性强

控制计算机应能够在环境温度为4 ℃~64 ℃，相对湿度不大于95%，有少量粉尘、振动、电磁场、腐蚀性气体等干扰因素的环境下工作。

2. 控制实时性好

计算机控制系统是一个实时控制系统。要求控制计算机能对生产过程随机出现的问题及时进行处理，否则可能造成生产过程的破坏。此外，为及时地向运行管理人员反映生产过程的状态，控制计算机采集的参数和状态也要求及时地通过显示屏幕集中地显示出来。为此，控制计算机应配备实时时钟和完善的中断系统，在实时操作系统的管理下进行工作。

### 3. 运行可靠性高

控制计算机的可靠性是计算机控制系统应用的成败关键。必须采取必要措施，保证控制计算机自身运行的可靠性。如采用可靠性高的元器件及具备自诊断程序，及时发现计算机本身潜伏的各种故障，并进行报警。在结构上采用冗余和分散的结构等。

### 4. 有完善的人机联系方式

计算机控制系统必须具有完善的人机联系方式，因为当生产过程或控制系统出现异常时，常常需要运行人员手动干预生产操作过程，或者采取紧急措施，要求人机联系方式简单、直观、明确、规范。

### 5. 有丰富的软件

随着被控生产过程的不同，常常要求采用不同的控制方案或控制算法，要求计算机控制能够灵活地组成用户所需要的各种控制方案。所有这些功能都需要有软件的支持。因此，不仅计算机制造厂要提供丰富的软件，用户也需要在应用软件的开发上给予足够的重视，这样才能使计算机控制系统更好地发挥作用。

### （二）过程通道

描述生产过程状态的参数可分为三种类型：模拟量、开关量、脉冲量。而计算机内部只能对一定形式的数值量进行传送、存储和处理。过程通道的主要作用就是把生产过程中的模拟量、开关量和脉冲量等参数转换成符合计算机要求的二进制数字量输入主机，经过主机运算处理后，再转换成执行机构所要求的模拟量和开关量，控制生产过程。

过程通道按信息的传输方向可分为输入通道和输出通道。每种通道又按信息的类型分为模拟量通道和数字量通道。模拟量通道传输连续信号，数字量通道传输开关脉冲信号。

### 1. 模拟量输入通道

模拟量输入通道的作用是把生产过程中各种被检测的模拟量信号（例如温度、压力、流量、物位和成分等非电量信号，或电流、电压等电量信号）转换为计算机可以接收的数字量信号。

模拟量输入通道的组成原理如图 2-6-2 所示，它由多路切换开关、数据放大器、采样/保持电路（S/H）、模/数（A/D）转换器、数据接口与控制接口组成。代表被控对象状态的各种信息由传感器变换成电信号送到过程输入通道。在过程输入通道中，这些信号先被放大或衰减到通道电路能进行线性处理的幅值，转换成统一的电压信号，经采样保持电路进行离散化后以二进制信号送入计算机。

（1）多路切换开关。

生产过程需要监视的变量很多，如果每一个变量都设置一套 A/D 转换电路，不但成本高、电路复杂，而且可靠性随之下降。另外，由一个中央处理器 CPU 对多点参数进行采集控制时，只能按分时的方式逐点依次对变量进行采集，即在不同的时刻对不同的参数进行采样，计算机收集到的现场信息，对某一点变量而言只是周期性的采样序列。这就有可能在模拟量输入通道中，使几十乃至几百个测量点的输入共用同一个 A/D 转换器。因此，在测量点和 A/D 转换器之间用多路切换开关进行连接。切换开关在选路控制信号的控制下，保证在某一时刻只有一个现场的测量点输入并进行 A/D 转换。测量点输入经多路切换开关后，变成了时间上离散的模拟量值。

（2）数据放大器。

通常由现场来的信号不一定是统一的标准信号（0~5 V），有的是高电平信号。例如 0~5 V、-5~+5 V、0~10 V 等。也有的是毫伏级的低电平信号。数据放大器对输入的高电平信号起阻抗变化和抗干扰作用，而对输入的低电平信号还起放大作用，以满足 A/D 转换器对输入信号量程范围的要求。对数据放大器的主要要求是：精确度高、速度快、频带宽、线性度好及共模抑制比高。

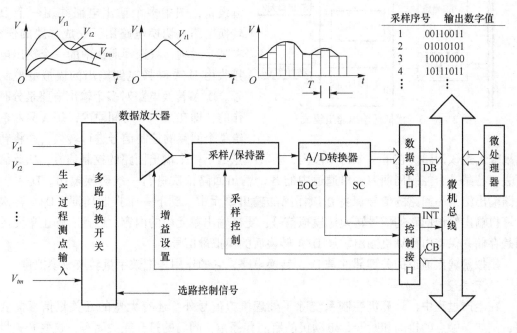

图 2-6-2 模拟量输入通道的组成

（3）采样/保持电路（S/H）。

将模拟量转换成数字量需要一定的时间，而模拟量输入通道信号通常随时间变化。把 A/D 转换器感受输入信号的时间间隔称为孔径时间。在孔径时间内，如果输入信号有明显变化，则会给转换带来误差，这种误差称为孔径时间误差。减少该误差的一种方法是提高 A/D 转换器的转换速度，以减小孔径时间。另一种方法则是在 A/D 转换器之前采用采样/保持器。

由于受各种因素的制约，A/D 转换器的转换速度的提高是有限的。因此，在多数模拟量输入通道中均采用采样/保持器来减小孔径时间误差，即要求在孔径时间内。通过采样/保持器来保证输入信号基本不变，此时 A/D 转换器是对被保持的模拟量输入信号进行转换，采用采样/保持器可大大减小孔径时间误差，从而可提高采样的精确度。

（4）模/数（A/D）转换器。

模/数转换器是模拟信号输入通道中的核心部件，它的功能是把模拟信号转换成与之对应的数字量信号。模/数转换器的种类很多，按照转换原理的不同，常用的转换器有计数式、双积分式、逐步逼近式和并行式等几种。逐步逼近式具有成本低、转换速度快、孔径时间短等优点，目前得到广泛应用。

**2. 模拟量输出通道**

模拟量输出通道的作用是把计算机输出的数字量信号转换成模拟量信号（电压或电流）。以便驱动相应的执行机构，达到控制的目的。

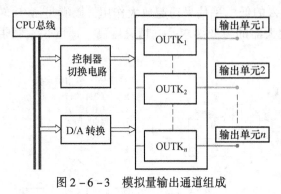

图 2-6-3　模拟量输出通道组成

模拟量输出通道主要由数/模（D/A）转换电路、切换电路和输出电路等部分组成，如图 2-6-3 所示。为了简化电路，节省设备，图中多个输出电路共用一个 D/A 转换电路。切换电路用于完成选路的任务，在某一时刻，只选择通道中的一个输出电路接收由 D/A 转换电路输出的模拟量控制信号。D/A 转换电路对多个输出电路是分时工作的，即在某一个时间段内，D/A 只对输出给某个回路的控制信号进行转换，并将转换结果输出给该回路。在下一个时间段内，再转换送给下一个输出回路的控制信号，如此循环下去。在某一个控制周期内，对通道中的各个输出回路依次进行一次转换输出。D/A 转换电路输出给某一回路的信号保持在该回路的输出单元中。到下一个控制周期，D/A 再次把计算机输出给该回路的信号转换成模拟信号，更新输出单元中的内容。因此，输出单元的作用是存储并保持由计算机输出、经 D/A 转换后的模拟量信号。

模拟量输出通道的关键部件是 D/A 转换电路，它的作用是把数字量转换成模拟量。

**3. 开关量输入通道**

在生产过程中，计算机控制系统除了处理模拟信号外，还有大量的开关量信号需要处理，例如，触点的接通和断开，电动机的启动和停止，阀门的打开或关闭等，这些开关量信号都可以用二进制的"0"或"1"来表示。开关量输入通道的作用就是把生产过程的各种开关量信号通过它转换成计算机可以识别的形式，并且采取一定的隔离措施。对于某些非常重要的开关量可以通过中断方式送到计算机中，以便得到及时处理。

（1）周期型开关量输入通道。

开关量输入通道的基本组成如图 2-6-4 所示，它由信号处理电路，输入寄存器或计数器、控制器及接口电路几部分组成。信号处理电路的作用是将现场开关量输入信号转变成符合计算机所能接收的高/低电平信号，并且对信号采取一定的隔离措施和防抖动措施。这种转换可采用具有输入与输出隔离作用的光耦合器来实现。若干个经信号处理电路输出的开关量信号编为一组，送往输入寄存器。

输入到计算机系统中的开关量信号常常不止一组，因此要求计算机能够按照一定的地址编号来分别读入每一组开关量信号。控制器的作用就是接收计算机发出的地址编号和操作指令，进行译码，产生相应的选通信号和控制信号。如果开关量信号的组数特别多，一级译码电路可能不能

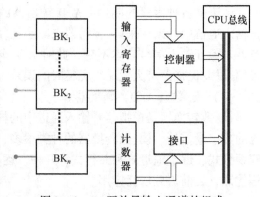

图 2-6-4　开关量输入通道的组成

满足要求，这时就要采用二级译码。

（2）中断型开关量输入通道。

在生产过程中某些特别重要的开关量信号，如重大事故报警信号，常常要求计算机控制系统在几毫秒的时间内作出反应。这些开关量信号不是由计算机通过定时扫描处理，而是通过中断的方式，直接打断计算机正在执行的程序，转入中断处理的。这些开关量称为中断型开关量，相应的开关量输入通道被称为中断型开关量输入通道。

**4. 开关量输出通道**

开关量输出通道是把计算机输出的二进制代码表示的开关控制信息，转换成能对生产过程进行控制的开关量信号，这些开关量信号可以控制阀门的开启或关闭，执行机构的启动或停止、指示灯的亮或灭等。

开关量输出通道基本组成如图 2-6-5 所示，它由接口、控制器、输出寄存器、驱动控制电路几部分组成。

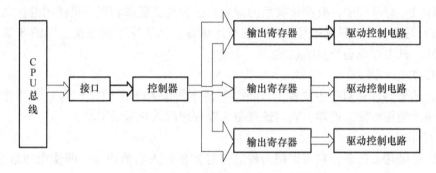

图 2-6-5 开关量输出通道的基本组成

### （三）信号处理、控制算法及人机联系设备

**1. 信号处理和控制算法**

要实现计算机控制系统对生产过程进行监视、控制和管理的功能，就必须及时从生产过程中获取信息，并把这些信息进行适当的加工和处理，以运行人员易于接受的形式表达出来，或者按照一定的控制规律，产生必要的控制作用。从过程通道可以得到反应生产过程情况的数字量信号，但是这些数字量信号中，有的常常包含着一定的干扰信号，与被测量之间有非线性关系。因此，要对这些数字量信号进行一些选择、加工处理。另外，要实现闭环控制，系统还需要把这些信号按一定规律进行运算，产生必要的控制作用。计算机控制系统常用的数据处理及控制算法有数字滤波、标度变换及 PID 控制等。

（1）数字滤波。

有些生产过程中，随机干扰噪声频率是很低的，阻容元件的滤波不能将他们全部消除，一种有效的方法是采用数字滤波器，即利用计算机由一定的计算程序来实现，以减少噪声在信号中的比重。

常用的数字滤波方法有：算术平均法、系数滤波法、加权平均法、中位值法等。

（2）PID 控制算法。

尽管在采用了计算机控制之后，许多过去难以实现的非线性、多变量、自适应和最优化控制算法的研究都获得了成功，但是在生产过程中，最基本、最方便、最常用的控制算法仍然是由模拟 PID 控制器发展而来的数字 PID 控制算法，如位置式和增量式 PID 控制算法，以及由其演变而成的其他数字 PID 控制算法，如改进 PID 算法中的微分线性 PID 算法、积分分离的 PID 算法、带死区的 PID 控制算法等，用于对生产过程的被控变量与设定值的偏差进行控制运算，产生相应的控制量，上述的控制算法都由计算机软件功能块实现。

2. 人机联系设备

在计算机控制系统中，如果说过程通道是计算机与生产过程之间的桥梁，人机联系设备则是操作人员与计算机以及过程之间联系的纽带。

人机联系设备按照信息传输的方向分为输入设备和输出设备。前者如键盘、鼠标、球标、光笔等，后者如 CRT 显示器、打印机、绘图机等。目前计算机控制系统中用得比较多的是键盘、CRT 显示器和打印机。以下主要介绍这 3 种人机联系设备。

（1）键盘。

在计算机控制系统中，有两种类型的键盘：一种是工程师和程序员使用的标准键盘，又称 QWERTY 键盘；另一种是操作员使用的专用键盘。两者除了在键盘上键的布置和功能有所区别之外，其工作原理都是类似的。

（2）CRT 显示器。

CRT 显示器是计算机的主要输出设备，它使用阴极射线管 CRT 作为显示器件。CRT 显示器速度快，使用方便、可靠，它与键盘是比较理想的人机对话工具。

（3）打印机。

打印机是硬拷贝设备，它可以把内部的信息转换成人们能识别、能使用的数字、字母、符号或者曲线、图形、汉字等输出。

**（四）集散控制系统的基本组成和特点**

集散控制系统（Distributed Control System）是以微处理器为基础的对生产过程进行集中监视、操作、管理和分散控制的集中控制系统，简称 DCS 系统。该系统将若干台微机分散应用于过程控制，全部信息通过通信网络由上位管理计算机监控，实现最优化控制，整个装置继承了常规仪表分散控制和计算机集中控制的优点，克服了常规仪表功能单一、人－机联系差以及单台微型计算机控制系统危险性高度集中的缺点，既实现了在管理、操作和显示三方面集中，又实现了在功能、负荷和危险性三方面分散。集散系统综合了计算机技术、通信技术、过程控制技术和显示技术（简称 4C 技术），在现代化生产过程控制中起着重要作用。

1. 集散控制系统的基本组成

集散控制系统通常由过程控制单元、过程输入/输出接口单元、CRT 显示操作站、管理计算机和高速数据通路 5 个主要部分组成。其基本结构如图 2-6-6 所示。

（1）过程输入/输出接口。

过程输入/输出接口又称数据采集装置（采集站），主要是为过程非控变量专门设置的数据采集系统，它不但能完成数据采集和预处理，而且还可以对实时数据进一步加工处理，供 CRT 操作站显示和打印，从而实现开环监视，还可以通过通信系统将所采集到的数据传输到监控计算机。在有上位机的情况下，它能以开关量和模拟信号的方式，向过程终端元件输出计算机控制命令。

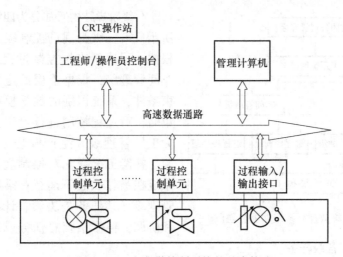

图 2 - 6 - 6　集散控制系统的基本构成

（2）过程控制单元。

过程控制单元又称现场控制单元或基本控制器（或闭环控制站），是集散控制系统的核心部分，主要完成连续控制、顺序控制、算术运算、报警检查、过程 I/O、数据处理和通信等功能。该单元在各种集散控制系统中差别较大。

（3）CRT 操作站。

CRT 操作站是集散控制系统的人机接口装置，普遍配置高分辨率、大屏幕的彩色 CRT，以及操作者键盘、工程师键盘、打印机、大容量存储设备。操作员通过操作键盘在 CRT 显示器上选择各种操作和监视用的画面、信息画面和用户画面等。控制工程师或系统工程师利用工程师键盘实现控制系统组态、操作站系统的生成和系统的维护。

（4）高速数据通路。

高速数据通路又称高速通信总线、公路等，实际是一种具有高速通信能力的信息总线，一般采用双绞线、同轴电缆或光纤构成。为了实现集散控制系统各站之间数据合理传送，通信系统必须采用一定的网络结构，并遵循一定的网络通信协议。

集散控制系统网络标准体系结构为：最高级为工厂主干网络（称计算机网络级），负责中央控制室与上级管理计算机连接。第二级为过程控制网络（称工业过程数据公路级），负责中央控制室各控制装置间的相互连接。最低一级为现场总线级，负责安装在现场的智能检测执行器与中央控制室控制装置间的相互连接。

（5）管理计算机。

管理计算机又称上位计算机，它的功能强、速度快、存储容量大。通过专门的通信接口与高速数据通路相连，综合监视系统的各单元，管理全系统的所有信息。也可用高级语言编程，实现复杂运算、工厂的集中管理、优化控制、后台计算以及软件开发等特殊功能。

**2. 集散控制系统的特点**

集散控制系统采用以微处理为核心的"智能技术"，凝聚了计算机的最先进技术，成为计算机应用最完善、最丰富的领域。这是集散控制系统有别于其他系统装置的最大特点。

集散控制系统采用分级阶梯结构，实现系统功能分散、危险分散，提高可靠性，强化系统应用的灵活性，降低成本，便于维修和技术更新等功能目的。

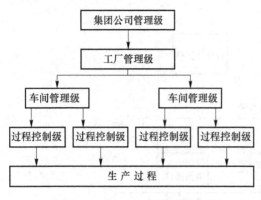

图 2-6-7 集散控制系统功能分层图

分级阶梯结构通常分为四级，如图2-6-7所示。第一级为现场控制级（过程控制级），根据上层决策直接控制过程对象；第二级为车间管理级，根据上层给定的目标函数或约束条件、系统识别的数学模型得出优化控制策略，对过程控制进行设定点控制；第三级为工厂管理级（生产管理级），根据运行经验，补偿工况变化对控制规律的影响，维持系统在最佳状态下运行；第四级为集团公司管理级，其任务是决策、计划、管理、调度和协调，根据系统总任务或总目标，规定各级任务并决策协调各级任务。

（1）实现分散控制。集散控制系统将控制与现实分离，现场过程受现场控制单元控制，每个控制单元可以控制若干个回路，完成各自功能。各个控制单元又有相对独立性。一个控制单元出现故障仅仅影响所控制的回路，而对其他控制单元的回路无影响。各个现场控制单元本身也具有一定的智能，能够独立完成各种控制工作。

（2）实现集中监视、操作和管理，具有强有力的人机接口功能。集散控制系统中CRT操作站与现场控制单元分离。操作人员通过CRT和操作键盘可以监视现场部分或全部生产装置乃至全厂的生产情况，按预定的控制策略通过系统组态组成各种不同的控制回路，并可调整回路中任一参数，对工业设备进行各种控制。CRT屏幕显示信息丰富多彩，除了类似于常规记录仪表显示参数、记录曲线外，还可以显示各种流程图、控制画面、操作指导画面等，各种画面可以切换。

（3）采用局部网络通信技术。集散控制系统的数据通信网络是典型的工业局域网。传输实时控制信息，进行全系统综合管理，对分散的过程控制单元和人机接口单元进行控制、操作管理。大多数集散型控制系统的通信网络采用光纤传输，通信的安全性和可靠性大大地提高，通信协议向标准化方向发展。

（4）系统扩展灵活方便，安装调试方便。由于集散控制系统采用模块式结构和局域网络通信，因此，用户可以根据实际需要方便地扩大或缩小系统规模，组成所需要的单回路、多回路系统。在控制方案需要变更时，只需重新进行组态编程，与常规仪表控制系统相比，省了许多换表、接线等工作。

（5）丰富的软件功能。集散控制系统可完成从简单的单回路控制到复杂的多变量最优化控制；可实现连续反馈控制；可实现离散顺序控制；还可实现监控、显示、打印、报警、历史数据存储等日常全部操作要求。用户通过选用集散控制系统提供的控制软件包、操作显示软件包和打印软件包等，就能达到所需控制目的。

（6）采用高可靠性的技术。集散控制系统采用故障自检、自诊断技术，包括符号检测技术、动作间隔和响应时间的监视技术、微处理器及接口和通道的诊断技术、故障信息和故障判断技术等，使其可靠性进一步加强。

3. 集散控制系统的结构与功能

现场控制站、CRT操作站是集散系统的基本组成，起到"集中监视和管理、分散控制"

的作用。

（1）现场控制站的功能。

现场控制站是完成对过程现场 I/O 信号处理，并实现直接数字控制（DDC）的网络节点。

① 将各种现场发生的过程变量进行数字化，并将这些数字化后的量存放在存储器中，形成一个与现场过程变量一致的，并按实际运行情况实时地改变和更新现场过程变量的实时映像。

② 将本站采集到的实时数据通过网络送到操作员站、工程师站及其他现场 I/O 控制站，以便实现全系统范围内的监督和控制，现场 I/O 控制站还可接收由操作员站、工程师站下发的信息，以实现对现场的人工控制或对本站的参数设定。

③ 在本站实现局部自动控制、回路的计算机闭环控制、顺序控制等，这些算法一般是一些经典的算法，也可以是非标准算法、复杂算法等。

（2）现场控制站的结构。

现场控制站可以远离控制中心，安装在靠近过程控制区的地方，以消除长距离传输的干扰。其结构包括机柜、供电电源、信号输入/输出转换、运算电路主机板、通信控制、冗余结构等。图 2-6-8 所示为现场控制单元机柜，图 2-6-9 为机柜内的部分卡件。

图 2-6-8 现场控制单元机柜　　图 2-6-9 机柜内部分卡件

（3）CRT 操作站（操作员站、工程师站）的功能

CRT 操作站是为了便于过程全面协调和监控，实现过程状态的显示、报警、记录和操作而提供的操作接口，其主要功能是为系统运行管理的操作人员提供人机界面，使操作人员通过操作站及时了解现场状态、各运行参数的当前值、是否有异常情况发生。典型操作站包括以下几部分：主机系统、显示设备、键盘输入设备、打印输出设备，如图 2-6-10 所示。

操作站设置在控制室里，在显示由各个控制单元送来的过程数据的同时，对控制单元发出改变设定值、改变回路状态等控制信息。CRT 操作站分操作员站和工程师站。

① 操作员站的基本功能是显示和操作。它与键盘一起，完成各种工艺、控制等信息画面的切换和显示。通过操作功能键，对系统的运行进行正常管理。

② 工程师站除了具有操作员站的基本功能外，主要具有系统组态、系统测试、系统维护、系统功能管理等功能。

系统组态功能用来生成和变更操作员站和现场控制站的显示、控制要求，其过程为填写标准工作单，由组态工具软件将工作单显示于屏幕上，用会话方式完成各种功能的生成和变更。

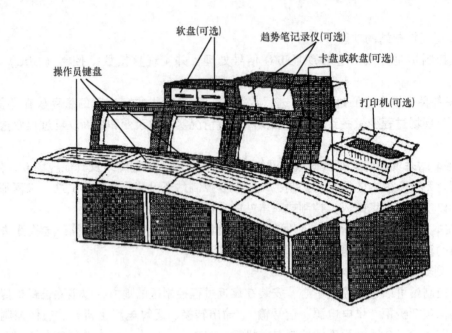

图 2 − 6 − 10 用户操作站

系统测试功能用来检查组态后系统的工作情况，包括对反馈控制回路是否已经构成的测试和对顺序控制状态是否合乎逻辑的测试。

系统维护功能是指对系统硬件状态作定期检查或更改。

系统功能管理主要用来管理系统文件。一是将组态文件（如工作单位）自动加上信息，生成规定格式的文件，便于保存、检索和传送；二是对这些文件进行复制、对照、列表、初始化或重新建立等。

③ CRT 显示器是集散控制系统重要的显示设备。通过串行通信接口及视频接口与微机通信，在 CRT 屏上直观地显示数据、字符、图形，通过系统的软件和硬件功能，随时增减、修改和变换显示内容，它是人机对话的重要工具，是操作站不可缺少的组成部分。

在 CRT 上显示输出的主要内容有：

- 生产过程状态显示；
- 实时趋势显示；
- 生产过程模拟流程图显示；
- 报警提示显示；
- 关键（控制）数据常驻显示；
- 检测及控制回路模拟显示；
- 数据及报表生成。

④ 键盘、鼠标、触摸屏是人机联系的桥梁和纽带，通过这些输入设备，操作人员可实现现场的实时监测控制。

⑤ 集散控制系统中常用的外部信息存储设备有：半导体存储器和磁盘存储器。

⑥ 打印机是集散控制系统中常用的外部信息存储设备，用于打印报警的发生和清除情况记录及过程变量的输入、输出记载，组态状况的调整及数据信息的拷贝。

**4. 集散控制系统的通信网络**

集散控制系统的通信网络主要由两部分组成：传输电缆（或其他媒介）和接口设备。传输电缆有同轴电缆、屏蔽双绞线、光缆等；接口设备通常称为链路接口单元，或称调制解调器、网络适配器等。它们的功能是在现场控制单元、可编程控制器等装置或计算机之间控制数据的交换、传送存取等。在一般情况下，接到网络上的每个设备都有一个适配器或调制解调器，系统只有通过这些单元及调制解调器或适配器才能将多个网络设备连接到网络通信线路上。由于网络必须设计成在恶劣的工作环境中运行，所以，调制解调器都规定在特定的频率下通信，以便最大限度地减少干扰造成的传送误差。数据通信控制的典型功能包括误码检验、数据链路控制管理以及与可编程序控制器、控制单元或计算机之间通信协议的处理等。

集散控制系统的通信网络一般采用"主－从系统"和"同等－同等系统"两种基本网络形式。

（1）主－从系统。

如图2－6－11所示，主－从系统又称集中控制，即指定某个节点（主机）负责管理各节点（从属设备）的占用请求，由它来选择哪个节点占用介质发送信息。

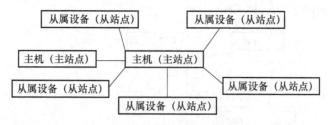

图2－6－11　主－从系统（星型）

主机一般都是智能设备，是微型计算机或大型工作站，称之为主站。它承担处理网络设备之间的网络通信指挥任务。从属设备或称从机，是指现场智能变送器、可编程序控制器、单回路控制器以及各种现场控制单元插板等。在主－从系统中，网络中主站的程序设计采用独立访问每个从属设备的方式，来实现主设备和被访问从属设备之间的数据传送，从属设备之间不能够直接通信。如需在从属设备之间传送信息时，必须首先将信息传送到网络主站，由主站充当中间桥梁的作用，在确定了传送对象后，主站再依次把该信息传送给指定的从属设备。这种主－从系统具有整体控制网络通信的优点，缺点是这个系统内的通信全部依赖主站，因此，这类系统往往要采用辅助的后备网络主站，以便在主机发生故障时仍能保证正常运行。

（2）同等－同等系统。

如图2－6－12所示为同等－同等系统，也称分散式控制。此系统不采用主站控制网络方式。相反每个网络设备都有要求使用并控制网络的权利，能够发送或访问其他网络设备的信息，这类网络通信方式往往成为接力式或令牌式系统。网络的权利可以看作是一个到另一个设备的依次接力或令牌式的传递。

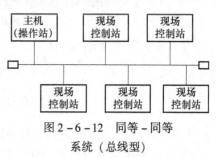

图2－6－12　同等－同等
系统（总线型）

5. 集散控制系统的软件体系

集散控制系统的软件体系包括：计算机系统软件、过程控制软件（应用软件）、通信管理软件、组态生成软件、诊断软件。其中系统软件与应用对象无关，是一组支持开发、生成、测试、运行和程序维护的工具软件。过程控制软件包括：过程数据的输入输出、实时数据库、连续控制调节、顺序控制、历史数据存储、过程画面显示和管理、报警信息的管理、生产记录报表的管理打印、人－机接口控制等。其中前四种功能是在现场控制站完成的。

集散控制系统组态功能的应用方便程度、用户界面友好程度、功能的齐全程度是影响一个集散控制系统是否受用户欢迎的重要因素。集散控制系统的组态功能包括硬件组态（又称配置）和软件组态。

硬件组态包括的内容是：工程师站、操作员站的选择和配置，现场控制站的个数、分布，现场控制站中各种模块的确定、电源的选择等。

6. 常见集散控制系统简介

（1）横河公司的 CENTUM－CS 系统。

CENTUM－CS 系统是日本横河电机公司的产品，系统主要由工程师站 WS、信息指令站 ICS（即操作站）、双重化现场控制站 FCS、通信接口单元 ACG、双重化通信网络 V－NET 等构成。系统构成如图 2－6－13 所示。

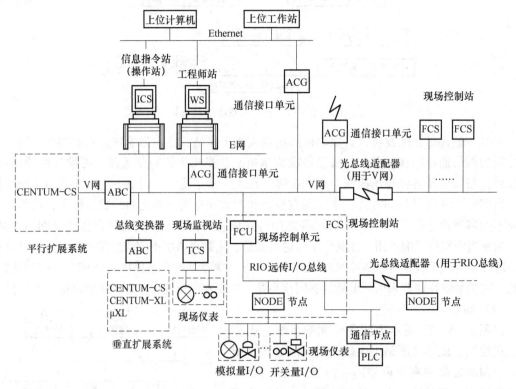

图 2－6－13　CENTUM－CS 系统示意图

① CENTUM－CS 系统的组成及功能。

信息指令站 ICS 具有监视操作、记录、软件生成、系统维护及与上位机通信等功能，是 CS 系统的人－机接口装置；

工程师站 WS 完成对系统组态、生成功能，并可实现对系统的远程维护；

现场控制站 FCS 完成反馈控制、顺序控制、逻辑、报警、积算、I/O 处理等功能，是具有仪表（I）、电气（E）控制及计算机（C）用户编程功能的 IEC 综合控制站，是 CS 系统实现自动控制的核心部分；

现场监视站 TCS 是系统中非控制专用数据采集装置，专门用于对多路过程信号进行有效的收集和监测。它具有算术运算功能、线性化处理、报警功能、顺序控制功能等，可精确地实现输入信号处理和报警处理功能；

总线变换器 ABC，也就是同种网络之间的网桥，用于连接 CENTUM – CS 中 FCS 与 FCS 之间的 V – net 通信，或与 μXL 连接；

通信接口单元（又称网间连接器）ACG，是异种网间的网桥，用于 E – net 之间的链接，或用于控制通信网与上位计算机之间的链接，是纵向的网络接口单元。

② CENTUM – CS 系统的特点。

● 开放性。CENTUM – CS 系统采用标准网络和接口：FDDI（光纤令牌环网），Ethernet（以太网），Field – bus（现场总线），RS – 232C，RS – 422，RS – 485。采用标准软件：X – Windows，Motif 用户图像接口，UNIX 操作系统。从而使操作和工程技术环境实现了标准化。

● 高可靠性。操作站 ICS 结构完善，每台均有独立的 32 位 CPU，2 GB 以上硬盘。控制站为双重化，控制器的 CPU、存储器、通信、电源卡及节点通信，全部是 1:1 冗余，也就是说系统为全冗余。现场控制站采用 RISC 和 "Pair and Spare" 技术，即成对备用技术，解决了容错和冗余的问题，成为无停机系统。

● 三重网络。操作站与控制站链接的实时通信网络 V – net。它是一个基于 IEEE 802.4 标准（电气与电子工程师协会的标准，通信方式为令牌总线访问方式）的双重化冗余总线。通信速率为 10 Mbps。V 网上可连接 64 个现场控制站，最多可连接 16 个信息指令站 ICS。通过总线变换器（或光总线适配器）可延长 V 网，将现场控制站扩展到 256 个。在正常工作情况下，两根总线交替使用，保证了极高水平的冗余度。

● 操作站之间连接的网络 E – net。E – net 是基于以太网标准的速度为 10 Mbps 的网络，用于连接各个 ICS 的内部局域网（LAN）。E – net 传输距离为 185 m，传输介质为同轴电缆。E – net 可以实现以下的功能：趋势数据的调用；打印机和彩色拷贝机等外设的共享；组态文件的下装。

● 与上位计算机连接的网络 Ethernet。Ethernet 网是 ICS 与工程师站、上位系统连接的局域信息网（LAN）。可进行大容量品种数据文件和趋势文件的传输。通信协议为 TCP/IP 协议，通信速率为 10 Mbps。

● 综合性强。实现 IEC 一体化（I—仪表控制；E—电气控制；C—计算机功能），可与 PC 机及 PLC 连接，实现信息种类和量的综合。

（2）Honeywell 公司的 TDC3000 系统。

1975 年 11 月 Honeywell 公司在世界范围内首先推出了第一套以微处理器为基础的集散控制系统 TDC2000，在此基础上，开发了开放性分散控制系统 TDC3000，该系统在世界范围内广泛地应用。

① TDC3000 系统。

TDC3000 主干网络称为局部控制网络（Local Control Network，LCN），其功能是提高控制水平和扩展系统数据收集和分析的能力。在 LCN 上可以挂接万能操作站（US）、历史模件（HM）、应用模件（AM）、存档模件（ARM）以及各种过程管理站（APM）与各种网络接口。TDC3000 的下层网络称为万能控制网络（Universal Control Network，UCN），在 UCN 上连接各种 I/O 与控制管理站。为了与 Honeywell 公司的老产品 TDC2000 的通信网络（数据高速通道 Data Hi-way）相兼容，在 LCN 上设有专门的接口模块（Hi-way），而且可以接有操作员站、现场 I/O 及控制站（包括基本控制器、多功能控制器）等。UCN 和 Data Hi-way 主要是提供过程数据的采集和控制功能。TDC3000 的结构示意图如图 2-6-14 所示。

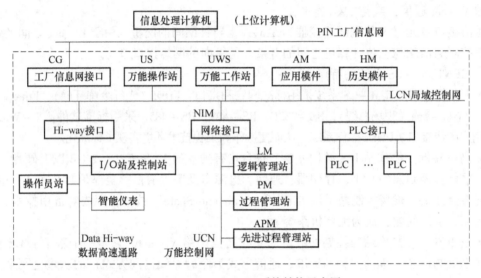

图 2-6-14　TDC3000 系统结构示意图

② TDC3000 系统的主要组成。

• LCN 通信网络及其模件。

局部控制网络（LCN 网）：局部控制网络用以支持 LCN 网络上模件之间的通信，遵循 IEEE 802.4 通信标准，采用总线型通信网络及"令牌传送"协议。

万能操作站（US）：万能操作站是 TDC3000 系统的主要人机接口，是整个系统的一扇窗口，由监视器和带有用户定义功能的键盘组成。具有三个方面的功能：即操作员属性的功能（监视控制过程和系统）、工程师属性的功能（组态实现控制方案、生成系统数据库、用户画面和报告）和系统维护功能（检测和诊断故障、维护控制室和生成过程现场的设备、评估工厂运行性能和操作员效率）。

万能工作站（UWS）：所有 US 上的信息，在 UWS 上均可以看见。UWS 包括一张桌子、工作站主机、桌面显示器、键盘、鼠标，它很像一台个人电脑，可以放在办公室。

应用模件（AM）：完成高级控制策略，从而提高过程控制及管理水平。应用模件通过最佳算法、先进控制应用及过程控制语言，执行过程控制器的监督控制策略。工程师可以综合过程控制器（过程管理站、高级过程管理站和逻辑管理站）的数据，完成多单元控制策略，进行复杂运算。

历史模件（HM）：HM 是 TDC3000 系统的存储单元。其收集和存储包括常规报告、历史事件和操作记录在内的过程历史。作为系统文件管理员，提供模块、控制器和智能变送器、数据库、流程图、组态信息、用户源文件和文本文件等方面的系统存储库；完成趋势显示、下装批处理文件、重新下装控制策略、重新装入系统数据等功能。

网络接口（NIM）：NIM 是 LCN 网和 UCN 网的接口。实现两种网络之间的通信规程和传输技术的转换。每个 LCN 网络最多可挂接 10 个冗余的 NIM 模件。

可编程控制器接口：是为非 Honeywell 可编程控制器提供有效的 LCN 接口。

- 万能控制网络（UCN）及其模件。

万能控制网络 UCN 是 Honeywell 公司 1988 年推出的新型过程控制和数据采集系统，由先进过程管理站（APM）、过程管理站（PM）、逻辑管理站（LM）、网络接口模件（NIM）及通信系统组成。

过程管理站（PM）：过程管理站是 UCN 网络的核心设备，主要用于工业过程控制和数据采集，有很强的控制功能和灵活的组态方式，具有丰富的输入/输出功能，提供常规控制、顺序控制、逻辑控制、计算机控制以及结合不同控制的综合控制功能。

先进过程管理站（APM）：先进过程管理站 APM 是 Honeywell TDC3000 最新的拥有工业过程控制和数据采集的工具，为监控和控制提供灵活的 I/O 功能。除提供 PM 的功能外，还可提供马达控制、事件顺序记录、扩充的批量和连续量过程处理能力以及增强的子系统数据一体化功能。

逻辑管理站（LM）：逻辑管理站是用于逻辑功能的现场管理站。它具有 PLC 控制的优点，同时 LM 在 UCN 网络上可以方便地与系统中各模件进行通信，使 DCS 与 PLC 更加有机地结合，并能使其数据集中显示、操作和管理。LM 提供逻辑处理、梯形图编程、执行逻辑程序，与 LCN、UCN 中模件进行通信等功能，能构成冗余化结构。

③ TDC3000 系统的特点。

- 开放性系统。TDC3000 系统局部控制网络 LCN、万能控制网络 UCN 通信与国际开放结构和工业标准的发展方向一致，实现了资源共享，还实现了 DCS 系统与计算机、可编程控制器、在线质量分析仪表、现场智能仪表的数据通信。

- 人机接口功能强化。TDC3000 系统采用了万能操作站（US），它是面向过程的单一窗口，采用了高分辨率的彩色图像显示器技术、触摸屏、窗口技术及智能显示技术等，操作简单方便，功能强大。

- 过程接口功能广泛。TDC3000 系统过程接口的数据采集和控制功能范围非常广泛。它可以分散在一个或多个万能控制站（UCN）、数据高速通道（DHW）上进行，也可以从其他公司的设备上获取数据。系统的控制策略包括常规控制、顺序控制、逻辑控制、批量控制等。控制生产的范围可以从连续生产到间歇生产。

- 工厂综合管理控制一体化。可以通过个人计算机接口或通用计算机接口与个人计算机相连，构成范围广泛的工厂计算机综合网络系统，实现先进而复杂的优化控制，对生产计划、产品开发及销售、生产过程及有关物质流和信息流进行综合管理，构成用计算机实现管理控制一体化的系统。

- 系统安全可靠，维护方便。TDC3000 系统广泛地采用容错技术、冗余技术。当一个模件发生错误或故障时，系统仍能继续运行；TDC3000 系统是积木化结构，实现功能分散、危险分散；TDC3000 系统中数据库提供了几个等级联锁，防止越权变更数据库；TDC3000 系统广泛采用自诊断、自校正程序、标准硬件和软件，通用性强，可在线维护。

119

### (五) 现场总线控制系统

现场总线 (Field Bus) 是用于现场仪表与控制系统和控制室之间的一种开放式、全分散、全数字化、智能、双向、多变量、多点、多站的通信系统，可靠性高、稳定性好、抗干扰能力强、通信速率快、系统安全、符合环境保护要求、造价低廉、维护成本低是现场总线的特点。它可以用数字信号取代传统的 4～20 mA DC 模拟信号；可对现场设备的管理和控制达到统一，使现场设备能完成过程的基本控制功能；增加非控制信息监视的可能性。

现场总线是用于连接现场仪表与控制系统，完成二者间信息交换的工具。以现场总线为基础的全数字控制系统称为现场总线控制系统 (Field Bus Control System，简称 FCS)。

1. 现场总线控制系统的构成

现场总线控制系统与常规控制系统及 DCS 系统在系统结构、功能、控制策略等方面有许多类似之处。其基本构成元素亦为测量变送器、控制计算单元、操作执行单元，将它们与被控过程按一定连接关系联系起来，就可构成一个完整的控制系统，如图 2-6-15 所示。不过，现场总线系统的最大特点在于，它的控制单元在物理位置上可与测量变送单元及操作执行单元合为一体，因而可以在现场构成完整的基本控制。即把原先 DCS 系统中处于控制室的控制模块和各输入、输出模块置于现场设备，加上现场设备具有通信能力，现场的测量变送仪表可与调节阀等执行机构直接传送信号，因而控制系统能不依赖控制室的计算机或控制仪表，直接在现场完成，实现了彻底的分散控制。又由于它所具有的通信能力，可以与多个现场智能设备沟通、综合信息，便于构成多个变量参与的复杂控制系统与精确测量系统。另外，由于现场总线仪表的数字通信特点，使它不仅可以传递测量数值信息，还可以传递设备标识、运行状态、故障诊断状态等信息，因而可以构成智能仪表的设备资源管理系统。

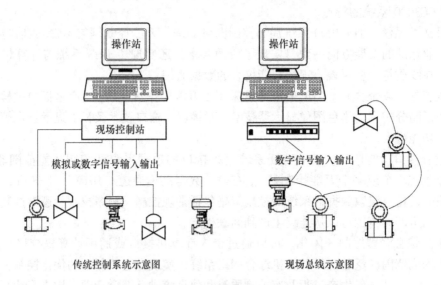

图 2-6-15　现场总线控制系统与传统控制系统结构对照图

从物理结构上来说，现场总线控制系统主要由现场设备 (智能化设备或仪表、现场 CPU、外围电路等) 以及形成系统的传输介质 (双绞线、光纤等) 组成。

2. 现场总线控制系统的基础

现场总线控制系统是以智能现场装置 (测量变送、操作执行等单元) 为基础的控制系统。除了满足对所有现场装置的共性要求外，FCS 系统中的现场装置还必须符合下列要求：第一，它必须与它所处的现场总线控制系统具有统一的总线协议，或者必须遵守相关的通信规约，这是因为现场总线技术的关键就是自动控制装置与现场装置之间的双向数字通信现场总线信号制，只有遵守统一的总线协议或通信规范，才能做到开放、完全互操作；第二，现场装置必须是多功能智能化的，这是因为现场总线的一大特点就是要增加现场一级的控制功能，大大简化系统集成，方便设计、利于维护。

多功能智能化现场装置的功能如下：

（1）与自动控制装置之间的双线数字通信功能。

（2）多变量输入输出。例如，一个变送器可以同时测量温度、压力与流量，并输出三个独立的信号，或成为"三合一"变送器。

（3）多功能。智能化现场装置可以完成诸如信号线性化、工程单位转换、阀门特性补偿、流量补偿以及过程装置监视和诊断功能。

（4）信息差错检测功能。这些信息差错会使测量值不准确或阻止执行机构响应。在每次传送的数据帧中增加"状态"数据值就能达到检测差错的目的。

（5）提供诊断信息。它可以提供预防维修（PM：以时间间隔为基础）的信息，也可以提供预测维修（PDM：以设备状态为基础）的信息。例如，一台具有多变量输出的气动执行器，当阀门的累计行程超过一定距离，如 2 km（PDM），或腐蚀性介质流过阀门达一定数量，如 200 $m^3$（PDM），或运行的时间超过 2 年（PM），或阀门已经损坏时（PDM）。当上述四种情况中的任一种情况或几种情况同时出现时，该智能执行器都可以将信息发送到控制室主机，主机接收到 PM 与 PDM 信息后，主动作出维修（PAM：以故障根源分析为基础）的安排，合理采取对阀门的维护措施。

（6）控制器功能。可以将 PID 控制模块植入变送器或执行器中，使智能现场装置具有控制器功能，这样就使得系统的硬件组态更为灵活。将一些简单的控制功能放在智能现场装置中，减轻主机（控制器）的工作负担，而主机将主要考虑多个回路的协调操作和优化控制功能，使得整个控制系统更为简化和完善。

在智能现场装置增加一个串行数据接口（如 RS-232/485）是非常方便的。有了这样的接口，控制器就可以按其规定协议，通过串行通信方式（而不是 I/O 方式）完成对现场设备的监控。如果全部或大部分现场设备都具有串行通信接口，并且具有统一的通信协议，控制器只需一根电缆就可将分散的现场设备连接，完成对所有现场设备的监控。基于以上方法，使用一根电缆，将所有具有统一的通信协议、通信接口的现场设备连接，这样，在设备层传递的不再是 I/O（4~20 mA DC/24 V DC）信号，而是基于现场总线的数字化通信，由数字化通信网络构成现场级与车间级自动化监控及信息集成系统。

3. 现场总线控制系统的结构组成

如图 2-6-16 所示是现场总线控制系统的拓扑结构，该拓扑结构类似于总线型分层架构，低级层采用低速总线 H1 现场总线，高级层采用高速总线 H2 现场总线。这个结构较为灵活，图中示意了带节点总线型和树型两种结构，实际上还可以有其他形式，以及几种结构组合在一起的混合型结构。

带节点的总线型结构又称为带分支的总线型结构。在该结构中，现场总线设备通过一段称为支线的电缆连接到总线段上，支线电缆的长度受物理层对导线媒体定义的限制。该结构适应于设备物理位置分布比较分散，设备密度较低的场合。

树型结构，在该结构中，一个现场总线段上的设备都是以独立的双绞线连接到网桥（公共的接线盒），它适应于现场总线设备局部集中、密度较高以及把现有设备升级到现场总线等应用场合。这种拓扑结构，其支线电缆的长度同样要受物理层对导线媒体定义的限制。

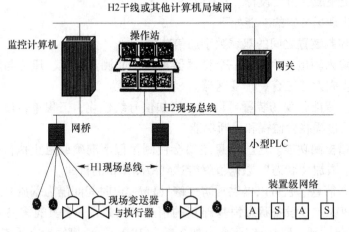

图 2-6-16　现场总线控制系统拓扑图

**4. 现场总线控制系统及其应用**

（1）FCS（现场控制系统）的结构。

现场控制系统代表了一种新的控制观念——现场控制。它具有采用数字信号后的一系列优点。基于现场总线技术的基本思想，FCS 采用总线拓扑结构，变送器用于构成现场控制回路，置于现场或控制室均可。站点分主站和从站，上位机、手操编程器、控制器、变送控制器均为主站。主站采用令牌总线的介质存取方式，令牌按逻辑环传递。变送器、执行器为从站，从站不占令牌。总体上为令牌加主从的混合介质存取控制方式。

FCS 的层次结构采用四层：物理层、数据链路层、应用层和用户层。该系统结构具有如下功能特点：

①上位机或手操编程器进行组态，确定回路构成及变量值，两者均可随时加入或退出系统。

②控制器除控制功能之外，还可为上位机承担先进的控制运算或优化任务。

③控制器除输出控制操作量外，还向上位机传送状态、报警、设定参数变更及各种需要保存的数据信息。

④上位机可监视总线上各站运行情况，并保存历史数据。

⑤网络上各个主站点的软件均可支持网络组成的变化，具有灵活性。

（2）FCS 的技术特点。

现场总线控制系统在技术上具有以下特点：

①系统的开放性。系统的开放性是指通信协议公开，各不同厂家的设备之间可互连为系统并实现信息交换。一个具有总线功能的现场总线网络，系统必须是开放的，开放系统把系统集成的权利交给了用户。用户可按自己的考虑和需要把来自不同供应商的产品组成大小

随意的系统。现场总线就是自动化领域的开放互连系统。

② 互可操作性与互用性。这里的互可操作性，是指实现互连设备间、系统间的信息传送沟通；而互用性则意味着对不同生产厂家的性能类似的设备可实现互连替换。

③ 现场设备的智能化与功能自治性。它将传感测量、补偿计算、工程量处理与控制等功能分散到现场设备中完成，仅靠现场设备即可完成自动控制的基本功能，并可随时诊断设备的运行状态。

④ 系统结构的高度分散型。现场总线已构成一种新的全分散性控制系统的体系结构，从根本上改变了现有 DCS 集中与分散相结合的集散控制系统体系，简化了系统结构，提高了可靠性和对现场环境的适应性。可支持双绞线、同轴电缆、光缆、射频、红外线、电力线等，具有较强的抗干扰能力，能采用两线实现送电与通信，并可满足安全防爆要求等。

（3）FCS 的应用。

作为控制系统，现场总线控制系统在控制方案的制定和选择上与普通控制系统基本相同。下面首先以锅炉汽包水位的三冲量控制系统为例，介绍现场总线控制系统在设计、安装、运行方面的特色以及如何实现现场总线控制系统。

如图 2-6-17 所示为汽包水位三冲量控制系统的典型控制方案，它把与水位控制相关的 3 个主要因素（即汽包水位、给水流量、蒸汽流量）都引入到控制系统，以此作为控制计算的依据，可以取得较好的控制效果。这里采用的是两个控制器按串级方式构成的控制系统。

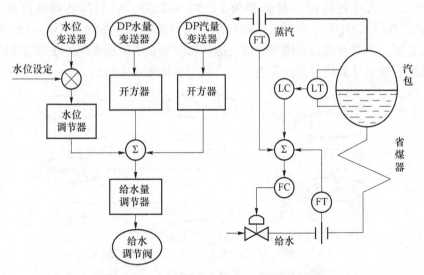

图 2-6-17　锅炉汽包水位三冲量控制方案

① 根据控制方案选择必需的现场智能仪表。一个经典的三冲量水位控制系统需要一个水位变送器、两个水量变送器和一个给水调节阀。现场总线控制系统同样也需要这些变送器、执行器。对于一般模拟仪表控制系统，由于汽包水位、蒸汽流量、给水流量的测量信号本身波动频繁，需要阻尼器对测量信号进行预处理；按工厂常规采用的孔板加差压变送器测量流量的办法，要使测量信号与流量成线性关系，需要加开方器；此外，还需要形成串级的主、副两个控制器。而对于现场总线控制系统，实现阻尼、开方、加减和 PID 运算等功能完全靠嵌入在现场变送器、执行器中的功能块软件完成，可减少硬件投资，节省安装工时与费用。

② 选择计算机与网络配件。为了满足现场智能设备组态、运行、操作的要求，一般还需要选择与现场总线网段连接的计算机。为了系统的安全"冗余"，配置两台相同的工业PC 机。可采用插接在 PC 机总线插槽中的现场总线 PCI 卡，把现场总线网段直接与 PC 相连。也可采用通信控制器，其一侧与现场总线网段连接，另一侧按通常采用的 PC 机连网方式，如通过以太网方式，采用 TCP/IC 协议、网络 BIOS 协议，完成现场总线网段与 PC 机之间的信息交换。

③ 选择开发组态软件、控制操作的人机接口 MMI。

④ 根据控制系统结构和控制策略所需功能块以及现场智能设备具有的功能块库的条件，分配功能块所在的位置。对于三冲量水位控制系统，功能块分派方案如下：

汽包水位变送器内，选用 AI 模拟输入功能模块、主控制器 PID 功能块；

水流量变送器内，选用 AI 模拟输入功能块、求和算法功能块；

蒸汽流量变送器内，选用 AI 模拟输入功能模块；

阀门定位器内，选用副控制器 PID 功能块、AO 模拟输出功能块，并实现现场总线信号到调节阀的气压转换；

通过组态软件完成功能块之间的链接。

现场总线功能块的选用可以是任意的，因为现场总线控制系统的设计具有较大的柔性。按三冲量控制系统和功能块分配方案，功能块组态连接如图 2-6-18 所示。图中虚线表示物理设备，实线表示功能块，实线内标有位号和功能块名称。这里，水位变送器的位号为LT101，蒸汽、给水变送器的位号分别为 FT102、FT103，给水调节阀的位号为 FV101。BK-CAL IN、BK-CAL OUT 分别表示阀位反馈信号的输入与输出；CAS-IN 表示串级输入。实行组态时，只需在窗口式图形界面上选择相应设备中的功能块，在功能块的输入、输出间简单连线，便可建立信号传递通道，完成控制系统的连接组态。

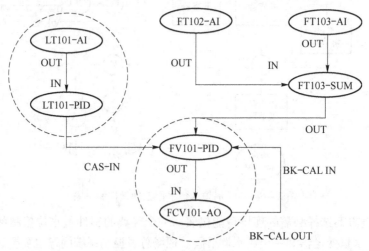

图 2-6-18  功能分布连接

5. 以现场总线为基础的企业信息系统

现代企业中，计算机已经在自动控制、办公自动化、财务管理、经营管理、市场销售等方面承担越来越多的任务。企业网络将成为连接企业内部各车间、部门，并与外部交流信息的重要基础设施。如图 2-6-19 所示，描述了以现场总线为基础的企业信息网络系统示意图。

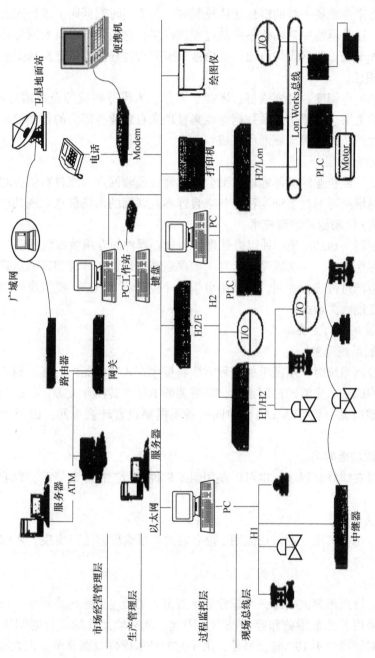

图 2 - 6 - 19　现场总线信息网络系统示意图

（1）现场总线层。

H1、H2、Lon Works等现场总线网段与工厂现场设备连接，是工厂信息网络集成系统的底层，也称为网络的现场控制层，又称现场总线控制系统。

（2）过程监控层。

现场总线层将来自现场一线的信息送往控制室，置于实时数据库，进行先进控制与优化计算、集中显示，这是网络中自动化系统的过程监控层。它通常可由以太网等传输速度较快的网段组成。各种现场总线网段均可通过通信接口卡等与过程监控层交换数据。

（3）生产管理层。

它是由工厂的生产调度、计划销售、库存、财务、人事等构成的企业信息网络管理层，是工厂局域网络的上层。一般由关系数据库收集整理来自企业各部门的各类信息并进行综合处理。通常由以太网、TOP等局域网段组成。

（4）市场经营管理层。

该层将跨越工厂或企业的局部地域，融合外界商业经营网点、原材料供应和部件生产基地的信息。企业局域网可通过多种途径，与来自外界互联网的市场信息实现共享。

**（六）可编程序控制器及控制技术**

可编程序控制器（PLC）是一种以微处理器为核心器件的专用微型机系统。它使用可编程序的储存器来存储指令，并实现逻辑运算、顺序运算、计数、计时和算术运算等功能，用来对各种机械或生产过程进行控制，尤其是可编程序控制器（PLC）模拟信号的引入及通信技术的增加，其功能大大增强。

1. 可编程序控制器的主要特点

（1）构成控制系统简单。

当需要组成控制系统时，用简单的编程方法将程序存入存储器内，接上相应的输入、输出信号线，便可构成一个完整的控制系统。不需要继电器、转换开关等，它的输出可直接驱动执行机构（负载电流一般可达2A），中间一般不需要设置转换单元，因而大大简化了硬件的接线电路。

（2）改变控制功能容易。

可以用编程器在线修改程序，也可以使用组态软件进行控制组态修改，很容易实现控制功能的变更。

（3）编程方法简单。

程序编制可以用梯形图、逻辑功能图、指令表的简单编程方法来实现，不需要涉及专门的计算机知识和语言。

（4）可靠性高。

可编程序控制器采用集成电路，可靠性要比有节点的继电器系统高得多。同时，在其本身的设计中，又采用了冗余措施和容错技术。因此，其平均无故障运行时间在数万小时以上，而平均修复时间则少于10 min。另外，由于它的外部硬件电路简单，大大减少了接线数量，从而减少了故障点，使整个控制系统具有很高的可靠性。

（5）适应于工业环境使用。

它可以安装在工厂的室内场地上，而不需要空调、风扇等。可在温度为0 ℃ ~60 ℃，相对湿度为0~95%的环境中工作。直流24 V供电的PLC，电压允许为16~32 V；交流

220 V 供电的 PLC，电压允许为（220±15）V，频率允许为 47~63 Hz。它能直接处理交流 220 V、直流 24 V 等强电信号，不需要附设滤波、转换设备。

简而言之，与继电器逻辑电路相比，PLC 具有可靠性高，改变控制功能容易的显著优点。与计算机控制系统相比，PLC 主要用于开关量的逻辑控制，具有对使用环境的适应性强、编程方法简单的特点。PLC 外形结构如图 2-6-20 所示。

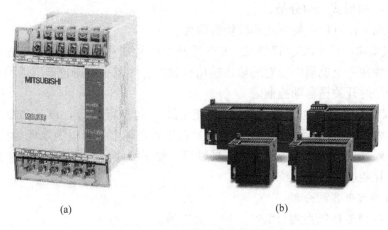

图 2-6-20　可编程序控制器外形

（a）三菱系列 PLC；（b）西门子系列 PLC

2. 可编程序控制器的构成

（1）PLC 的硬件构成。

PLC 的主机由中央处理单元、存储器、输入输出单元、输入输出扩展接口、外部设备接口以及电源等部分组成。各部分之间通过由电源总线、控制总线、地址总线和数据总线构成的内部系统总线并行连接，如图 2-6-21 所示。

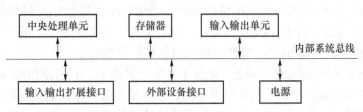

图 2-6-21　PLC 硬件系统构成示意图

中央处理单元（CPU）：是 PLC 的运算控制中心，它包括微处理器和控制接口电路。

存储器：用来存储系统程序、用户程序和各种数据。ROM 一般采用 EPROM 和 EE-PROM，RAM 一般采用 CMOS 静态存储器，即 CMOS RAM。

输入输出单元（I/O）：是 PLC 与工业现场之间的连接部件，有各种开关量 I/O 单元、模拟量 I/O 单元和智能 I/O 单元等。

输入输出扩展接口：是 PLC 主机扩展 I/O 点数和类型的部件，可连接 I/O 扩展单元、远程 I/O 扩展单元、智能 I/O 单元等。它有并行接口、串行接口、双口存储接口等多种形式。

外部设备接口：通过它，PLC 可以和编程器、彩色图形显示器、打印机等外部设备连接，也可以与其他 PLC 或上位机连接。外部设备接口一般是 RS – 232、RS – 422A（或 RS – 485）串行通信口。

电源单元：把外部供给的电源变换成系统内部各单元所需的电源，一般采用开关式电源。有的电源单元还向外提供 24 V 隔离直流电源，给开关量输入单元连接的现场无源开关使用。电源单元还包括失电保护电路和后备电池电源，以保持 RAM 的存储内容不丢失。

（2）PLC 结构形式上的分类。

在结构形式上，PLC 有整体式和模块式两种。

① 整体式结构：把 CPU、存储器、I/O 等基本单元装在少数几块印制电路板上，连同电源一起集中装在一个机箱内。它的输入输出点数少、体积小、造价低，适用于单体设备和机电一体化产品的开关量自动控制。

② 模块式结构：又称为积木式 PLC，它把 CPU（包括存储器）单元和输入、输出单元做成独立的模块，即 CPU 模块、输入模块，然后组装在一个带有电源单元的机架或母板上。它的输入输出点数多、模块组合灵活、扩展性好、便于维修，但结构较复杂、插件较多、造价高，适用于复杂过程控制系统的场合。

3. 可编程序控制器的分类

（1）PLC 按照 I/O 能力划分为小、中、大三种。

① 小型 PLC 的 I/O 点数在 128 点以下，用户程序存储器容量小于 4 KB。

② 中型 PLC 的 I/O 点数在 128 ~ 512 点之间，用户存储器容量为 4 ~ 8 KB。

③ 大型 PLC 的 I/O 点数在 512 以上，用户存储器容量为 8 KB 以上。

由于系统的规模不同，各行业对 PLC 的大、中、小型的划分也不尽一致。

（2）PLC 按照功能强弱可分为低、中、高三档。

① 低档 PLC：以逻辑量控制为主，适用于继电器、接触器和电磁阀等开关量控制场合。它具有逻辑运算、计时、计数、移位等基本功能，还可能有 I/O 扩展及通信功能。

② 中档 PLC：兼有开关量和模拟量的控制，适用于小型连续生产过程的复杂逻辑控制和闭环控制场合。它扩大了低档机中的计时、计数范围，增加了数字运算功能，具有整数和浮点运算、数制转换、PID 调节、中断控制和通信联网等功能。

③ 高档 PLC：在中档机的基础上，增强了数字计算能力，具有矩阵运算、位逻辑运算、开方运算和函数等功能；增加了数据管理功能，可以建立数据库，能实现数据共享和数据处理；加强了通信联网功能，可和其他 PLC、上位监控计算机连接，构成分布式综合管理控制系统。

（3）PLC 的编程语言种类。

梯形图和布尔助记符是 PLC 的基本编程语言，由一系列指令组成。用这些指令可以完成大多数简单的控制功能。例如，代替继电器、计时器、计数器完成顺序控制和逻辑控制等。梯形图是在原电气控制系统中常用的继电器、接触器线路图的基础上演变而来的。采用因果的关系来描述事件发生的条件和结果，每个阶梯是一个因果关系。在阶梯中，事件发生的条件在左边表示，事件发生的结果在右边表示，它与电气操作原理图相对应，具有直观性和对应性。但图中的符号称之为软继电器、软接点，对于较复杂的控制系统，描述不够清晰。

功能表图语言是用顺序功能图来描述程序的一种编程语言。语句描述语言与 BASIC、

PASCAL 和 C 语言相类似，但进行了简化。该语言常用于系统规模较大、程序关系较复杂的场合，能有效地完成模拟量的控制、数据的操纵、表格的打印和其他用梯形图或布尔助记符语言无法完成的功能。

功能模块图语言采用功能模块形式，通过软连接方式完成所要求的控制功能。具有直观性强、易于掌握、连接方便、操作简单的特点，很受欢迎。但由于每种模块需要占有一定的程序内存，对模块的执行需要一定时间，所以，这种编程语言仅在大中型 PLC 和 DCS 中采用。

目前，大多数 PLC 产品中广泛采用的是梯形图、布尔助记符和功能表图语言。功能表图语言虽然是近几年发展起来的，但其推广应用速度很快，新推出的 PLC 产品已普遍采用。

4. 可编程序控制器的工作过程

PLC 的工作过程可分为三个阶段：输入采样、程序执行、输出刷新，如图 2-6-22 所示。

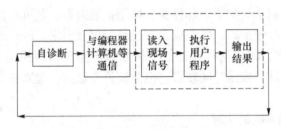

图 2-6-22 PLC 的工作过程

PLC 采用循环扫描的工作方式，读入现场信号。在输入采样阶段，PLC 以扫描方式顺序读入所有输入端的通断状态，并将此状态存入输入映像寄存器。在用户程序执行阶段，PLC 按先左后右、先上后下步骤，逐条执行程序指令，从输入映像寄存器和输出映像寄存器读出有关元件的通断状态，PLC 将输出映像寄存器的通断状态转存到输出锁存器，向外输出控制信号，从而驱动用户输出设备。

上面 3 个阶段的工作过程称为一个扫描周期，然后 PLC 又重新执行上述过程，周而复始地进行。扫描周期一般为几毫秒至几十毫秒。

5. 可编程序控制器与其他顺序逻辑控制系统的比较

（1）与继电器顺序逻辑控制系统的比较。

继电器顺序逻辑控制系统的硬件一旦安装完成，只能用于一种工艺流程的控制，当工艺流程更改或控制顺序稍有不同时，必须对硬件接线进行更改，所以更改控制方案十分困难。此外，这种控制系统由大量的活动触点和元器件组成，根据可靠性原理，只要其中任何一个部件或触点故障，将造成系统故障，而活动部件的可靠性又比不活动部件的可靠性差，因此这种控制系统的可靠性较低。与此相比，可编程序控制器组成的顺序逻辑控制系统，采用软连接线的方式实现程序所需要的功能，它可适应工艺过程的更改或生产设备的更新等变化，通过在线或离线编程，可方便地实施所需的控制要求，所以可编程序控制器控制系统的环境适应性很强。由于采用可靠性设计和一系列高新技术，使可编程序控制器的可靠性大大提高，在工业恶劣环境条件下，比一般继电器控制系统提高一个数量级。另外，由于采用可维修性的设计、合理的部件设置和自诊断以及其他软硬件措施，对维修人员的技能要求降低，在故障发生率下降的同时，维修时间大大缩短。此外，采用标准的供电、标准化的软件及对环境要求较低等特点，使得它在工业过程控制领域得到广泛应用。

（2）与无触点顺序逻辑控制系统的比较。

无触点顺序逻辑控制系统是指采用晶体管作为无触点的顺序逻辑控制系统。在国内应用较多的产品是德国的 Paul Hildebrandt 公司的 HIMA 产品等，国内的仿制产品称为 JLB – 200 系统。这类产品由各种功能卡件组成，他们有标准的外形尺寸，按照所需的功能，用晶体管、集成电路和其他元器件组成各自的功能卡件。常用的功能卡件有 8 类：信号器单元、时间单元、放大单元、逻辑单元、转换计算单元、测量和试验单元、电源和监视单元及中央控制单元等。此外，对于需要防爆的应用场合，该系统提供安全防爆型卡件。无触点顺序逻辑控制系统根据过程控制的要求，选择合适功能卡件，通过适当的硬接线，完成所需的控制功能。它具有积木式的结构，与单元组合仪表的设计思想一致，通过积木的组合，完成逻辑控制、报警、运算等功能。因此，与继电器顺序逻辑控制系统比较，无触点顺序逻辑控制系统前进了一大步。

可编程序控制器控制系统的活动部件少、抗干扰能力强，其可靠性更高，且功能多，编程灵活性大，在硬件更改较少时，能适应工艺过程的更改要求。PLC 的通信功能使该系统能与其他控制系统（如 DCS 和上位机）建立通信联系，实现管理控制一体。它的体积更小，安装和维护更方便，设计和投运时间较短，但系统价格偏高，尤其在小规模的应用场合，性能价格比不算很高。

（3）与计算机控制系统的比较。

与计算机控制系统相比较，可编程序控制器控制系统有如下几个特点。

① 采用便于编程的语言。在以单片机组成的控制系统中，程序由设计人员用处理器提供的汇编语言编制。对顺序逻辑控制系统的技术人员来说，需要通过一定的学习才能掌握汇编语言。可编程序控制器为此开发了适应这种需要的编程语言，如语句表编程语言、梯形图编程语言等，这些编程语言容易为工程技术人员接受和理解，对沟通设计人员、操作人员和管理人员的设计思想较有利，对缩短设计时间、安装和投运时间及维修时间都是十分有用的。

② 变通用为专用，降低了成本、缩小了体积，提高了系统可靠性等。可编程序控制器是专门用于工业过程顺序逻辑控制的计算机控制系统，因此，在可靠性、抗干扰能力、成本等性能方面都有较全面的考虑，使其更适合工业过程控制的要求。

③ 吸取了单元组合的思想，采用功能模块的结构形式。与无触点逻辑控制系统相似，可编程序控制器吸取了单元组合的设计思想，采用功能模块的结构形式。硬件和软件采用这种结构，可使系统的环境适应性大大增强。

④ 采用扫描方式工作。通用计算机或工控机按照用户程序指令工作。近年推出的可编程序控制器产品中，也有辅以中断方式工作的。可编程序控制器采用扫描方式工作，有利于顺序逻辑控制的实施，各个逻辑元素状态的先后次序与实践的对应关系较明确。此外，扫描周期也较一致。

⑤ 功能分散和危险分散。在工厂自动化或计算机集成过程控制系统中，为了把危险分散和功能分散，采用了分散综合的控制系统结构。可编程序控制器是分散的自治系统，具有为下位机完成分散的控制功能。

⑥ 适应恶劣工业应用环境。可编程序控制器的可靠性大大提高，对于工业恶劣环境的适应性增强，使得它在工业生产的各个领域得到广泛应用。

近年来，现场总线的标准化和它的实现，对可编程序控制器也有较大的影响。由于在现场总线级已能完成控制功能，冲击了可编程序控制器向现场控制级的发展。

（4）与集散控制系统的比较。

通过对可编程序控制器的发展历程和 DCS 发展历程的分析，集散控制系统的主要应用场合是连续量的模拟控制，而可编程序控制器的主要应用场合是开关量的逻辑控制。因此，在设计思想上是有一定区别的。可编程序控制器按扫描方式工作，集散控制系统按用户程序的指令工作，可编程序控制器对每个采样点的采样速度是相同的。而集散控制系统中，可根据被检测对象的特性采用不同的速度（例如：流量点的采样速度是 1 s，温度点的采样速度是 20 s 等）。在集散控制系统中，可设置多级中断优先级，而可编程序控制器通常不设置中断方式。

在存储器容量上，由于可编程序控制器所需的运算大多是逻辑运算，因此，所需存储器容量较小，而集散控制系统需要进行大量的数字运算，存储器容量较大。在抗干扰和运算精度等方面两者也有所不同，例如，对开关量的抗干扰性较模拟量的抗干扰性要差，模拟量的运算精度要求较高等。

除了部分集散控制系统的分散过程控制装置安装在现场，需按现场的工作环境设计外，集散控制系统的装置通常按安装在控制室设计，如图 2 - 6 - 23 所示为 DCS 控制系统控制室。而可编程序控制器是按在现场工作环境的要求设计的。因此，在元器件的可靠性方面需专门考虑，对环境的适应性也需专门考虑，以适应恶劣的工作环境的需要。

图 2 - 6 - 23　DCS 控制系统控制室

为了扩大应用范围，可编程序控制器与 DCS 互相渗透，互相补充，例如可编程序控制器扩展模拟量的功能，集散控制系统扩展开关量的控制功能等，出现了"你中有我，我中有你"的综合集成趋势。

**（七）集散控制系统在蔗糖生产企业中的应用**

1. 压榨车间自动控制系统（DCS）

如图 2 - 6 - 24 所示的压榨车间全自动控制系统，对整个压榨车间实现过程自动控制（DCS），保证均衡入榨，混合汁及渗透水的流量、温度稳定，实现机械联锁控制及轴承温度检测报警、关键点视频监视等信息化管理。控制精度 ≤ ±1.0% 给定值，提高压榨收回率，降低蔗渣水分和转光度。此系统包含如下的 13 个子系统：

（1）均衡进榨计量自动控制系统；

（2）榨机自动控制系统；

（3）蔗渣秤计量系统；

（4）蔗渣水分计量系统；

（5）渗透水自动控制系统；

（6）压出汁自动控制系统；

（7）混合汁均匀泵送自动控制系统；

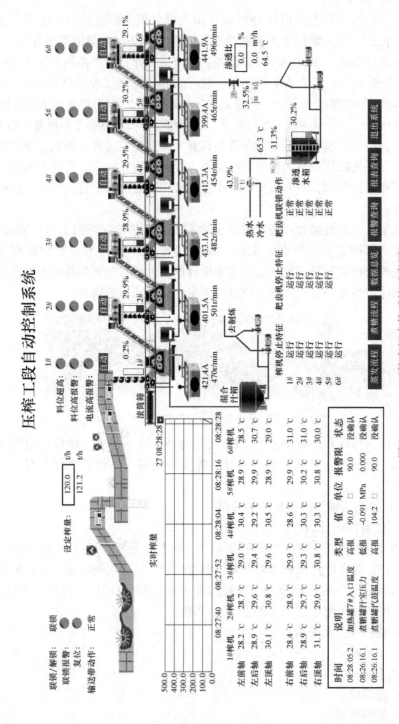

图 2-6-24 压榨车间自控系统示意图

（8）榨机轴温监控系统；

（9）榨机自动加油系统；

（10）机械联锁自动控制系统；

（11）预灰自动控制系统；

（12）磷酸自动控制系统；

（13）核子秤自动计量系统。

2. 澄清蒸发（DCS）自动控制系统

如图 2 - 6 - 25 所示的澄清蒸发自动控制系统示意图，采用现场总线、网络通信、计算机控制等技术手段，针对不同的设备配置和工况，建立相应的数学模型和一系列控制策略，实现了澄清及蒸发的自动控制和跨地域的实时生产管理。pH 值控制稳定，糖浆锤度测量精度为 ±1°Bx，实现蒸发过程稳定操作，减少糖分损失。此系统包含如下 15 个子系统：

（1）混合汁均匀泵送自动控制系统；

（2）一二次加热自动控制系统；

（3）中和自动控制系统；

（4）中和汁均匀泵送自动控制系统；

（5）絮凝剂自动控制系统；

（6）沉降池监控系统；

（7）清汁均匀泵送自动控制系统；

（8）清汁加热自动控制系统；

（9）蒸发自动控制系统；

（10）减温减压站自动控制系统；

（11）等压排水自动控制系统；

（12）排氨自动控制系统；

（13）糖浆加热自动控制系统；

（14）糖浆均匀泵送自动控制系统；

（15）糖浆锤度自动计量系统。

3. 成糖（DCS）自动控制系统

如图 2 - 6 - 26 所示，根据蔗糖的结晶原理，建立数学模型，预设好煮糖相关参数工艺曲线，根据各参数采集点反馈的信息，按模型自动调节煮制过程，减少人工操作对产品质量的影响。缩短煮糖时间达 20% 以上，节约能源可达 30%，降低劳动强度。此系统包含如下 4 个子系统：

（1）糖厂原料箱锤度自动控制系统；

（2）间歇煮糖自动控制系统；

（3）糖厂立式连续煮糖自动控制系统；

（4）糖厂卧式连续煮糖自动控制系统。

4. 全厂 DCS 控制系统

全厂的自动控制系统是利用计算机及 DCS 网络控制技术，通过整合，使生产过程得到全面优化控制，主要包括压榨、制炼、动力、生产调度指挥、计量统计等子系统。生产过程自动调节控制，均衡生产，提高产品质量和产糖率，减轻管理强度，降低劳动成本。

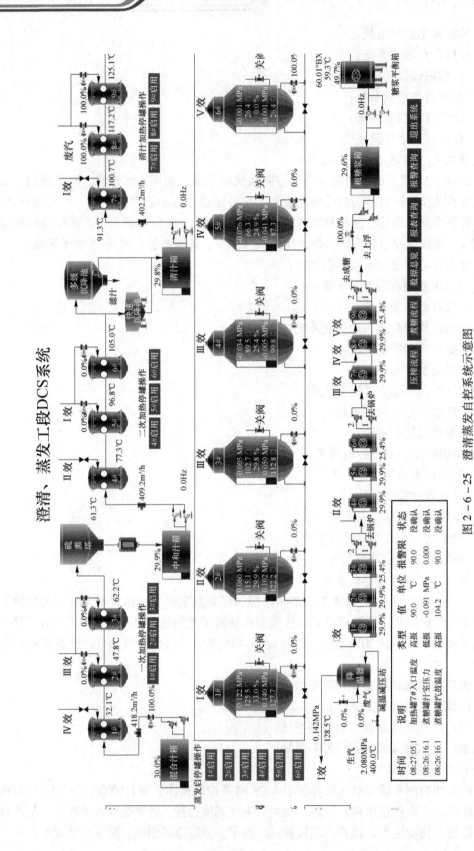

图 2－6－25　澄清蒸发自控系统示意图

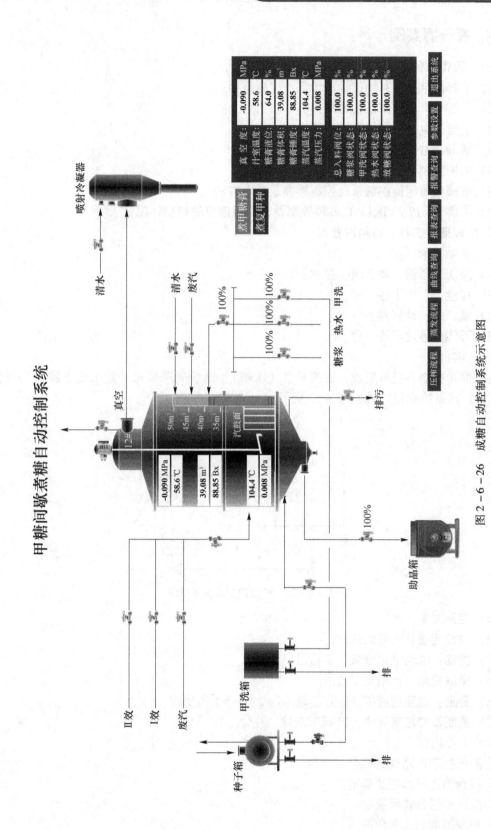

图 2 – 6 – 26 成糖自动控制系统示意图

## 四、看一看案例

### (一) 工作准备

(1) 了解简单控制系统投运的步骤、注意事项。

(2) 了解计算机控制系统的结构。

(3) 了解工业总线控制系统的结构。

(4) 掌握集散控制系统的应用。

(5) 掌握控制器的使用方法。

(6) 掌握液位定值控制系统控制器参数整定方法。

(7) 了解 P、PI、PD、PID 四种控制器分别对液位的控制作用。

### (二) 设备、工具、材料准备

(1) 水箱一个。

(2) 差压变送器、调节阀、控制器各一个。

(3) 螺丝刀、扳手各一套。

(4) 纸、笔、计算器。

(5) 万能信号发生器一台。

### (三) 实施

(1) 简单控制系统的组成：被控对象（水箱）、测量变送单元（差压变送器）、控制器和调节阀。其系统流程如图 2 - 6 - 27 所示。

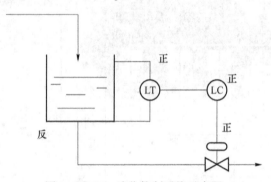

图 2 - 6 - 27  液位控制系统示意图

(2) 控制对象：水箱。

(3) 被控变量：水箱的液位。

(4) 扰动：水箱进水流量、水箱出口流量。

(5) 操纵变量：水箱出口流量。

(6) 要求：水箱的液位稳定在给定值的 2% ~ 5% 范围内。

(7) 控制器的控制规律：PI 调节规律。

(8) 工作内容。

① 液位控制回路线路检查。

② 控制器正反作用的确定。

③ 差压变送器量程设定。

④ 控制器的基本参数设定。

⑤ 系统投运。

⑥ 扰动及不同控制规律对调节系统的影响。

（9）工作步骤。按液位控制系统回路图接好试验线路，按控制器使用说明书对仪表进行初步设置。

① 液位控制回路线路检查。

a. 用信号发生器在差压变送器输入端输入 4 ~ 20 mA 信号，观察控制器显示，记录结果。

b. 在控制器给出调节阀的调节信号，现场观察调节阀的动作，记录结果。

② 控制器正反作用的确定。

a. 根据生产安全要求，本装置调节阀为气开阀。

b. 气开调节阀：正作用；被控对象：反作用；（调节阀开，液位下降）为保证整个调节系统为负反馈回路，控制器：正作用。

c. 将控制器作用设为：正作用，给调节阀输出 4 ~ 20 mA 信号，观察调节阀开度是否由 0% 到 100% ，记录结果。

③ 差压变送器量程设定。

a. 根据水箱高度确定水箱液位测量范围。

b. 根据水箱介质、液位测量范围计算差压变送器量程。

c. 根据计算结果设定差压变送器的量程范围。

④ 控制器的基本参数设定。

a. 将控制器作用设定为：正作用。

b. 根据控制要求，给调节器设定给定值。

c. 设定控制器的调节规律：PI 调节，按经验试凑法设定：$P = 80\%$ ，$I = 5$ min；$D = 0$ 。

d. 控制器设置为"手动"状态。

⑤ 系统投运。

开泵，给水箱送水，给水阀开至 50% 。手动调节控制器，使调节阀关死。

a. 观察水箱水位的变化，当液位达到给定值附近时，手动将调节阀慢慢打开，并根据水箱液位的高低来调节阀门开度的大小，当水箱液位稳定在给定值附近一段时间后，将调节器"手动"状态切换到"自动"状态。

b. 观察水箱液位的波动状况。如果液位有远离给定值的趋势，则慢慢减小（或加大）控制器的比例度，再观察，直到液位在给定值附近稳定为止；如果给定值的余差总不能消除，则适度调整积分时间的值，直到液位稳定在给定值附近。当液位最终稳定在给定值的 2% ~ 5% 范围内，且不再超出这个范围后，系统投运完成。

⑥ 扰动及不同控制规律对调节系统的影响。

a. 扰动的加入：

开大入口阀，使进入水箱的流量加大，观察水箱液位的变化；

开大调节阀的旁路阀，使出水用量加大，观察水箱液位的变化。

b. PID 参数对系统的影响。

改变比例度的数值，积分时间不变，观察水箱液位的变化；加入扰动后，再观察水箱液位的变化；改变积分时间的数值，比例度不变，观察水箱液位的变化；加入扰动后，再观察水箱液位的变化。

c. 改变控制器的控制规律。

P 控制规律：比例度值不变，使积分时间 = ∞，微分时间 = 0，加入扰动观察调节系统的变化；

I 控制规律：比例度 = ∞，使积分时间 = 5 min，微分时间 = 0，加入扰动观察调节系统的变化；

PI 控制规律：比例度 = 80%，积分时间 = 5 min，微分时间 = 0，加入扰动观察调节系统的变化；

PD 控制规律：比例度 = 80%，积分时间 = ∞，微分时间 = 5 min，加入扰动观察控制系统的变化；

PID 控制规律：比例度 = 80%，积分时间 = 5 min，微分时间 = 5 min，加入扰动观察控制系统的变化。

**（四）数据记录**

根据表 2 - 6 - 1 要求，填写工作记录。

表 2 - 6 - 1  测量回路检查记录表

| 回路名称： | | | | | |
|---|---|---|---|---|---|
| 信号输入 | | | | | |
| 信号输出 | | | | | |

**（五）工作报告格式及内容**

（1）工作目的及要求。

（2）线路及方案。

（3）工作结果的分析和总结。

（4）工作中出现的现象及其分析。

**（六）工作完成后清理、打扫现场**

## 五、想一想、做一做

（1）计算机控制系统由哪几部分组成？每一部分的作用是什么？

（2）什么是过程输入通道？什么是过程输出通道？分别有几种类型？

（3）模拟量输入通道和输出通道各由哪几部分组成？每一部分的作用是什么？

（4）在模拟量通道中为什么要设置保持器？

（5）开关量输入、输出通道分别由哪些部分组成？每一部分的作用是什么？

（6）计算机控制系统的人机联系设备有哪些？各起什么作用？

（7）什么是集散控制系统？集散控制有哪些主要的特点？

（8）什么是现场总线控制系统？有哪些主要特点？

（9）试述可编程控制器的特点。

（10）可编程控制器应用于哪些场合？

（11）可编程控制器与顺序逻辑控制系统、计算机控制系统、集散控制系统比较，有什么特点？

# 项目三

## 典型复杂控制系统的应用

## 情境 3.1　锅炉车间自控系统的设计

[引言] 简单控制系统是目前过程控制系统中最基本、最广泛使用的系统，解决了大量工艺变量的定值问题。但随着现代化生产对产品质量的要求越来越高，要求过程控制的手段也越来越高，由于工业过程的发展、生产工艺的更新、特别是生产规模的大型化和生产过程的复杂化，必然导致各变量之间的相互关系更加复杂，对控制手段的要求也越来越高。为了适应更高层次的要求，在简单控制系统的基础上，出现了串级、均匀、比值、分程、前馈、选择等复杂控制系统以及一些更新型的控制系统，本章就目前工业生产中应用较多的一些设备，仅从控制的角度出发，根据对象的特性和控制要求，简要讨论其控制方案，从而了解确定控制方案的共同原则和方法。

### 一、学习目标

（1）了解工业锅炉的生产工艺。
（2）了解工业锅炉运行的主要控制系统。
（3）掌握锅炉汽包水位控制系统的应用。
（4）掌握单变量 PID 调节原理及控制参数的设置。
（5）掌握前馈反馈控制系统的设计。

### 二、工作任务

锅炉汽包水位控制系统的设计。

## 三、知识准备

### (一) 锅炉的过程控制

锅炉是工业生产中常见的必不可少的动力设备之一。在工厂里，要靠锅炉产生的蒸汽作为全厂的动力源和热源。例如电厂里的汽轮发电机，就是靠锅炉产生的一定温度和压力的过热蒸汽来推动的，化工厂里的许多换热器的热源大多是锅炉提供的蒸汽。锅炉产生蒸汽的压力和温度是否稳定、锅炉运行是否安全，直接影响到生产能否正常进行，更关系到人员和设备的安全与否，因此，锅炉的过程控制十分重要。

为适应生产的需要，锅炉的大小、型号也是各种各样的。锅炉的大小是以锅炉每小时产生出的蒸汽量来衡量的，小型锅炉每小时产几吨蒸汽，大的锅炉每小时能产 200 吨以上的蒸汽。产出的蒸汽压力有高、中、低之分。在应用类型上，可将锅炉分为动力锅炉和工业锅炉，其中工业锅炉又分为辅助、废热锅炉、快装锅炉、夹套锅炉等。锅炉的燃料也各不相同，有燃气型、燃油型、燃煤型和化学反应型等。

锅炉的工艺流程如图 3-1-1 所示。锅炉生产蒸汽的过程简述如下。

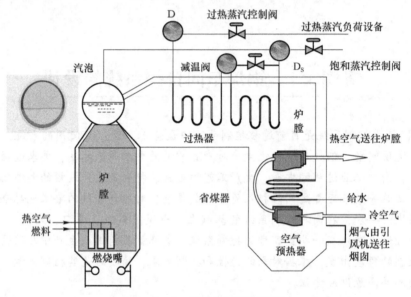

图 3-1-1  锅炉的工艺流程图

燃料和热空气按一定的比例混合后进入燃烧室燃烧，加热汽包内的水产生饱和蒸汽 $D_s$，经过过热器后形成一定温度的过热蒸汽 D，再汇集到蒸汽总管，最后经过负荷设备调节阀供给负荷设备使用。燃料在燃烧时产生的烟气，其热量一部分将饱和蒸汽变成过热蒸汽，另一部分经省煤器对锅炉供水和空气进行预热，最后由送风机从烟囱排入大气。

由上述过程可知，锅炉的正常运行必须要保持物料（水）的平衡和热量平衡。

在物料平衡中的负荷是汽包内水的蒸发量，被控变量是汽包的液位，操纵变量是锅炉的给水量；在热量平衡中的负荷是蒸汽带走的热量，被控变量是蒸汽压力，操纵变量是燃料量。

上述的物料平衡和热量平衡是相互关联、互相影响的。汽包液位不仅受到给水流量的影响，而且也受到热量变化的影响。例如，当热量平衡被破坏，蒸汽压力发生变化后，会影响到汽包水面下蒸发管中的汽水混合物的体积，使汽包水位发生变化。同样蒸汽压力不仅受到燃料输入量的影响，而且进水量的变化也会影响到蒸汽压力的稳定。例如，给水流量增加时，由于冷水的温度低，会使汽包内的蒸发量减少，从而使蒸汽压力下降。

综上所述，锅炉的运行主要有以下3个方面的过程控制。

**1. 汽包水位的控制**

汽包水位控制系统是锅炉安全运行的必要保证，它要维持汽包内的水位在工艺允许的范围内。

**2. 燃烧系统的控制**

该控制系统通过使燃料量与空气量保持一定的比值，以保证经济燃烧和锅炉的安全运行；同时还要使引风量与鼓风量相适应，以维持炉膛内的负压恒定不变。其最终目的是使燃料产生的热量满足蒸汽负荷的需要。

**3. 过热蒸汽系统的控制**

这是一个温度控制系统，其作用主要有两个，一是保持过热器出口温度在允许范围内；二是保证管壁的温度不超过允许的工作温度。

汽包的水位是锅炉正常运行的重要指标。水位过高，由于汽包上部空间变小，从而影响汽水分离，产生的蒸汽带水现象；液位过低，则由于汽包的容积较小而负荷却很大，水的汽化速度加快，使得汽包内的储水量迅速减少，如不及时控制，就会使汽包内的水全部汽化，形成"干烧"，可能导致锅炉烧坏甚至爆炸的严重后果。

目前，锅炉汽包水位常采用单冲量、双冲量及三冲量控制方案。此处的"冲量"不是物理上定义的作用在物体上的力和时间的乘积的意思，而是一种表示变量的习惯沿用。

**（二）锅炉汽包水位单冲量控制系统**

锅炉的单冲量水位控制系统的原理图如图3-1-2所示。由图可知，这是一个典型的单回路控制系统，其被控变量是汽包水位，操纵变量是锅炉的给水量。当汽包水位偏离设定值时，变送器将测量到的信息送给控制器，按照特定的控制规律来开大或关小阀门，以增加或减少供水量，使汽包水位回到设定值上来。

安装在给水管道上的执行器（调节阀），从安全角度考虑应该选择气关阀，因为出现事故时（譬如前级仪表故障或气源断气），为了避免锅炉设备发生事故，要求调节阀打开，使汽包保证有水而避免爆炸。

影响锅炉汽包水位的主要扰动是蒸汽负荷的波动，因为用户的蒸汽需要量是在不断变化的。假设蒸汽需要量突然加大，汽包的压力会瞬时降低，水的沸腾加剧，使水加速汽化，水中的气泡量会骤然增多。而气泡的体积比其液态时的体积大很多倍，结果出现汽包

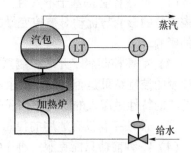

图3-1-2  单冲量水位控制系统

内的水位不降反升的假象，即出现"假水位"，控制器获得的信息是"水位升高了"，本来该增加供水量，现在却错误地减少供水量。严重时会使汽包水位下降到危险区内以致发生事故。

产生上述"假水位"的主要原因是蒸汽负荷量的波动而造成"闪蒸"现象，如果把蒸汽流量信号引入控制系统，及时知道其变化情况，就可以克服这个主要的扰动。

### (三) 前馈 – 反馈控制系统

#### 1. 前馈控制的目的

大多数控制系统都是具有反馈的闭环控制系统，对于这种系统，不管什么干扰，只要引起被控变量变化，都可以消除掉，这是反馈（闭环）控制系统的优点。例如图 3 – 1 – 3 所示的蒸汽加热器出口温度的反馈控制，无论是蒸汽压力、流量的变化，还是进料流量、温度的变化，只要最终影响到出口温度，该系统都有能力进行克服。但是这种控制都是在扰动已经造成影响，被控变量偏离设定值之后进行的，控制作用滞后。特别是在扰动频繁，对象有较大滞后时，对控制质量的影响就更大了。

所以如果预知某种扰动（如进料流量）是主要干扰，最好能在它影响到出口温度之前就将其抑制住，如图 3 – 1 – 4 所示的方案，进料量刚一增大，控制器 FC 立即使蒸汽阀门开大，用增加的蒸汽来对付过多的冷物料。如果设计得好，可以基本保证出口温度不受影响。这就是前馈控制系统，所谓的前馈控制系统是指按扰动变化大小来进行控制的系统。其目的就是克服滞后，将扰动克服在其对被控变量产生影响之前。

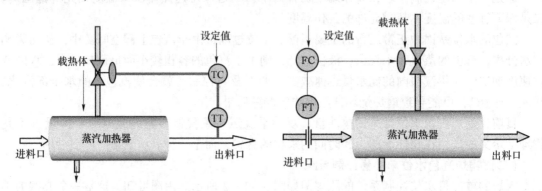

图 3 – 1 – 3    温度反馈控制系统            图 3 – 1 – 4    温度前馈控制系统

#### 2. 前馈控制的特点

（1）前馈控制是基于不变性原理工作的，比反馈控制及时有效。如果能使控制系统对被控变量的影响与扰动对被控变量的影响大小相等、方向相反，就能完全克服扰动对被控变量的影响。

（2）前馈控制属于开环控制系统。反馈控制的控制结果可以通过反馈得到检验，而前馈控制的控制结果是否达到了要求不得而知，因而要想实现对扰动的完全克服，就必须对被控对象的特性做深入的研究和彻底的了解。

（3）前馈控制没有通用的控制器，而是视对象而定"专用"控制器。

（4）一种前馈只能克服一种干扰。

#### 3. 前馈 – 反馈控制

前面提到的反馈控制能保证被控变量稳定在所要求的设定值上，但控制作用滞后。而前馈控制作用虽然超前，但又无法知道和保证控制效果。所以较理想的做法是综合二者的优点，构成前馈 – 反馈控制系统，如图 3 – 1 – 5 所示。用前馈来克服主要干扰，再用反馈来克服其他干扰，使被控变量稳定在所要求的设定值上。

### (四) 锅炉汽包水位双冲量控制系统

如图 3 – 1 – 6 所示为锅炉汽包水位双冲量控制系统示意图，这里的"双冲量"是指汽包水位信号和蒸汽流量信号两个变量。它是一个前馈－反馈控制系统。水位信号从系统的输出端返回到输入端，因此属于反馈控制；蒸汽流量信号未经反馈而直接与水位控制器的输出信号相加，因此是前馈控制。

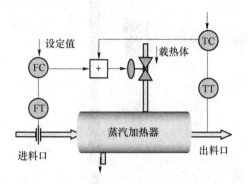

图3-1-5　温度前馈－反馈控制系统

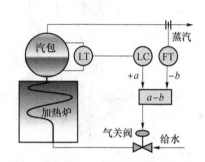

图3-1-6　双冲量水位控制系统

当蒸汽负荷变化引起汽包水位大幅度波动时，蒸汽流量信号的引入起着超前控制作用。它可以在水位还未来得及出现波动时，提前使调节阀动作，从而减少因蒸汽负荷量变化引起的水位波动，大大改善了控制品质。

图3-1-6中，当干扰引起汽包水位上升（大于设定值）时，偏差增加，正作用控制器的输出增加，（+a）信号使加法器的输出增加，气关阀因控制信号的增加而减小开度，供水量下降，汽包水位回落。另一方面，当蒸汽负荷量增加时，会引起水位下降，但流量变送器FT送给加法器的（-b）信号使得加法器的输出下降，气关阀因控制信号的减小而增大开启度，有效克服了由于蒸汽负荷变化给汽包水位带来的影响。

尽管双冲量控制克服了蒸汽压力变化带来的扰动，却不能克服供水压力变化的干扰。当供水压力变化时，同样会引起供水流量的变化，同样会导致汽包水位的波动，双冲量控制系统只有等到汽包液位变化后才由控制器进行调整，控制显得不及时。因此，当供水压力波动比较频繁时，双冲量控制系统的控制质量较差，这时可采用三冲量控制系统。

**（五）锅炉汽包水位三冲量控制系统**

如图3-1-7所示为锅炉汽包水位的三冲量控制系统。该系统除了水位、蒸汽流量信号以外，又增加了一个供水流量信号（+c）。显然，当蒸汽负荷不变，供水量因压力波动而变化时，加法器的输出相应变化，去直接调整阀门开启度。不需要等到汽包水位变化了再去由控制器调整，从而大大减少了水位的波动，缩短了过渡过程的时间，提高了控制质量。

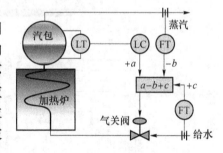

图3-1-7　三冲量水位控制系统

由于三冲量控制系统的抗干扰能力和控制质量都比单冲量、双冲量控制要好，所以应用较多。尤其是对蒸汽负荷大、供水压力波动较大的锅炉，三冲量控制可以获得非常好的控制效果。

**（六）锅炉车间自控系统**

如图3-1-8所示，锅炉车间自控系统主要包含了如下的7个子系统：

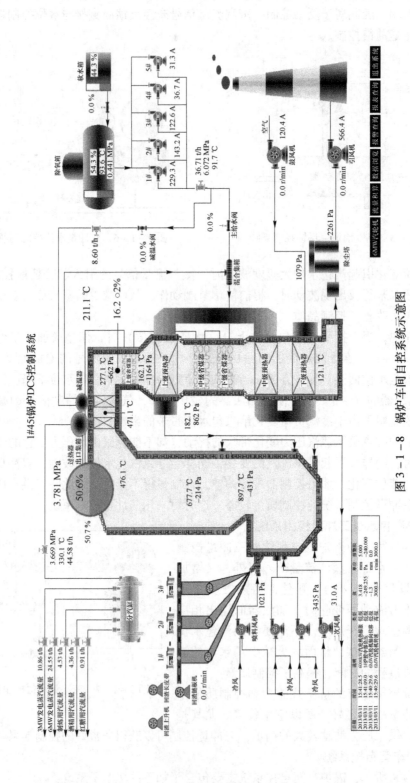

图 3-1-8 锅炉车间自控系统示意图

（1）锅炉汽包水位自动控制系统；

（2）锅炉蒸汽温度自动控制系统；

（3）锅炉燃烧过程自动控制系统；

（4）锅炉化水间自动控制系统；

（5）锅炉加药自动控制系统；

（6）锅炉运行实时监控系统；

（7）蒸汽流量计量系统。

## 四、看一看案例

### （一）工作准备

（1）了解工业锅炉的生产工艺。

（2）了解工业锅炉运行的主要控制系统。

（3）掌握汽包水位控制系统的应用。

### （二）设备、工具、材料准备

（1）锅炉汽包及供水系统模型一套。

（2）差压变送器、调节阀、控制器各一个。

（3）流量变送器两个。

（4）纸、笔、计算器。

### （三）实施

（1）按照如图 3-1-2 所示汽包水位单冲量控制系统示意图，安装差压变送器、控制器、供水阀，接通电源及控制线路。

（2）进行单变量 PID 调节原理及控制参数设置。

（3）教师调节或系统自动引入汽包压力瞬间波动，形成汽包水位，检测先增加后骤减的"虚假水位"。

（4）体会单变量 PID 控制不能完全适应锅炉汽包工况变化，控制过程会出现前期误动作，后期调节滞后的现象。

（5）按照如图 3-1-6 所示的汽包水位双冲量控制系统示意图，在汽包水位为目标量的基础上，引入"汽包产出蒸汽流量"作为前馈量，实施双冲量自动控制。

（6）体会双冲量控制系统如何消除汽包"虚假水位"的影响。

（7）如图 3-1-7 所示，在汽包水位双冲量自动控制基础上，再引入"给水压力"作为前馈量，实施三冲量自动控制。

① 教师调节或系统自动引入汽包压力瞬间波动，形成汽包水位先增加后骤减的"虚假水位"。

② 教师调节或系统自动引入汽包出汽流量瞬间波动，形成汽包水位骤变。

③ 教师调节或系统自动引入给水压力瞬间波动，形成汽包水位骤变。

④ 学生根据示意图设计三冲量控制系统。

⑤ 学生进行三冲量控制器结构及控制参数设置，通过控制性能曲线的对比，体会汽包压力、汽包出汽流量、给水压力多个干扰量瞬间波动情况下，三冲量控制器对汽包水位控制品质的改善。

(8）完成工作任务报告。

(9）工作完成后清理、打扫现场。

## 五、想一想、做一做

(1）锅炉是什么样的设备？锅炉分为几大类？

(2）锅炉运行主要有哪几个方面的过程控制？

(3）锅炉正常运行必须保持什么平衡？操纵变量和被控变量各是什么？

(4）什么是锅炉汽包水位单冲量控制系统？画出原理框图，并分析其优缺点。

(5）什么是前馈控制系统？前馈控制的作用是什么？其特点是什么？

(6）什么是前馈－反馈控制系统？试画出其原理框图，并分析其特点。

(7）什么是锅炉汽包水位双冲量控制系统？画出其原理框图，分析其优缺点。

(8）什么是锅炉汽包水位三冲量控制系统？画出其原理框图，分析其优缺点。

# 情境 3.2　精馏塔生产过程控制系统的应用

[引言]　工业生产中常常要求将混合物中各组分进行分离，其方法是利用混合物中各组分的挥发度不同，将它们进行分离，并达到规定的纯度要求。这一过程即为精馏，完成这一过程的工艺设备是精馏塔。

精馏塔的过程控制系统如图 3－2－1 所示。精馏塔进料入口以下至塔底部分称为提馏段，进料口以上至塔顶称为精馏段。塔内有若干层塔板，每块塔板上有适当高度的液层，回流液经溢流管由上一级塔板流到下一级塔板，蒸汽则由底部上升，通过塔板上的小孔由下一塔板进入上一塔板，与塔板上的液体接触。在每一块塔板上同时发生上升蒸汽部分冷凝和回流液体部分汽化的转热过程，更重要的是还同时发生易挥发组分不断汽化，从液相转入气相，难挥发组分不断冷凝，由气相转入液相的传质过程。整个塔内，易挥发组分浓度由下而上逐渐增加，而难挥发组分浓度则由上而下逐渐增加。适当控制好塔内的温度和压力，则可在塔顶或塔底获取人们所期望的物质成分。

在精馏塔的过程控制中，控制方案非常多，整个精馏塔的被控变量较多，可选用的操纵变量较多，各变量之间相互关系也很多。对象的控制通道复杂，反应缓慢，内在机理复杂，扰动因素很多。尽管有许多不利于控制的因素存在，对精馏塔的控制与操作的要求却较高，这就给精馏塔的控制与操作带来一定的

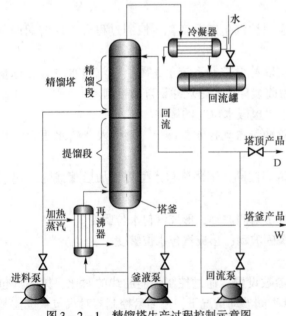

图 3－2－1　精馏塔生产过程控制示意图

难度。因此，生产过程中只有深入分析工艺特性、对象特性，结合具体情况，才能制定出切实可行的控制方案。

## 一、学习目标

（1）了解精馏塔的生产工艺。
（2）了解精馏塔的主要控制系统。
（3）掌握精馏塔控制方案的确定方法。
（4）掌握精馏塔提馏段的温度控制系统的应用。
（5）掌握精馏塔精馏段的温度控制系统的应用。

## 二、工作任务

精馏塔温度控制系统的设计与应用。

## 三、知识准备

### （一）精馏塔的控制要求
#### 1. 质量指标
混合物分离的纯度是精馏塔控制的主要指标。在精馏塔的正常操作中，一般应保证在塔底或塔顶产品中至少有一种组分的纯度达到规定的要求，其他组分也应保持在规定的范围内，为此，应当取塔底或塔顶产品的纯度作为被控变量。但由于在线实时检测产品纯度有一定困难，因此，大多数情况下是用精馏塔内的"温度和压力"来间接反映产品纯度的。

#### 2. 平稳操作
为了保证精馏塔的平稳操作，首先必须把进塔之前的主要可控扰动尽可能克服掉，同时尽可能缓和一些不可控的主要扰动，例如，对进塔物料的温度进行控制、进料量的均匀控制、加热剂和冷却剂的压力控制等。再就是塔的进出物料必须维持平衡，即塔顶馏出物与塔底采出物之和应等于进料量，并且两个采出量的变化要缓慢，以保证塔的平稳操作。此外，控制塔内的压力稳定，也是塔平衡操作的必要条件之一。

#### 3. 约束条件
为了保证塔的正常、平稳操作，必须规定某些变量的约束条件。例如，对塔内气体流速的限制，塔内气体流速过高易产生液泛，流速过低会降低塔板效率；再沸器的加热温差不能超过临界值的限制等。

### （二）精馏塔生产的主要扰动
精馏塔的操作过程非常复杂，影响精馏的因素众多。其主要扰动如下所示。

#### 1. 进料流量、成分和温度的变化
进料流量的波动通常是难免的，因为精馏塔的进料往往是由上一工段提供的，进料成分也是由上一工段的出料或原料情况决定的，所以，对于塔系统而言，进料成分属于不可控扰动。至于进料的温度，则可以通过控制使其稳定。

#### 2. 塔压的波动
塔压的波动会影响到塔内的气液平衡和物料平衡，进而影响操作的稳定和产品的质量。

#### 3. 再沸器加热剂热量的变化
当加热剂是蒸汽时，加入热量的变化往往是由蒸汽压力变化引起的，这种热量变化会导

致塔内温度变化，直接影响到产品的纯度。

**4. 冷却剂吸收热量的变化**

该热量的变化会影响到回流量或回流温度，其变化主要是由冷却剂的压力或温度变化引起的。

**5. 环境温度的变化**

在一般情况下，环境温度的变化影响较小，但如果采用风冷器作为冷凝器时，气温的骤变与昼夜温差，对塔的操作影响较大，它会使回流量或回流温度发生变化。

在上述的一系列扰动中，以进料流量和进料成分的变化影响最大。

**（三）精馏塔的控制方案**

精馏塔的控制方案众多，但总体上分成两大部分进行控制，即提馏段的控制和精馏段的控制。其中大多以间接反映产品纯度的温度作为被控变量，依此设计控制方案。

**1. 精馏塔提馏段的温度控制**

采用以提馏段温度作为衡量质量指标的间接变量，以改变加热量作为控制手段的方案，就称为提馏段温度控制。

如图 3 - 2 - 2 所示是精馏塔提馏段温度控制方案之一，该方案以提馏段塔板温度为被控变量，以再沸器的加热蒸汽汽量为操纵变量，进行温度的定值控制。除了这一主要控制系统外，还有 5 个辅助控制回路，它们分别如下：

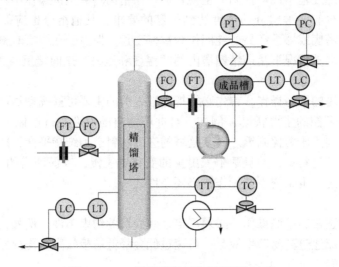

图 3 - 2 - 2　精馏塔提馏段温度控制方案

（1）塔釜的液位控制回路——通过改变塔底采出量的流量，实现塔釜的液位定值控制。

（2）回流罐的液位控制回路——通过改变塔顶馏出物的流量，实现回流罐液位的定值控制。

（3）塔顶压力控制回路——通过控制冷凝器的冷剂量维持塔压恒定。

（4）回流量控制回路——对塔顶的回流量进行定值控制，设计时应使回流量足够大，即使在塔的负荷最大时，也能使塔顶产品的质量符合要求。

（5）进料量控制回路——对进塔物料的流量进行定值控制，若进料量不可控，可采用均匀控制系统。

上述的提馏段温度控制方案，由于采用提馏段的温度作为间接质量指标，因此，它主要反映的是提馏段的产品情况。将提馏段的温度恒定后，就能较好地保证塔底产品的质量，所以这种控制方案常用于以塔底采出物为主要产品，对塔釜成分比塔顶馏出物成分要求高的场合。另外，由于采用大回流量，也可保证塔顶流出物的品质。

提馏段温度控制还有一优点，那就是在液相进料时，控制及时、动态过程较快，因为进料量变化或进料成分变化的扰动，首先进入提馏段，采用这种控制方案，就能够及时有效地克服干扰的影响。

**2. 精馏塔精馏段的温度控制**

采用以精馏段温度作为衡量质量指标的间接变量，以改变回流量作为控制手段的方案，就称为精馏段温度控制。

如图 3-2-3 所示为常见的精馏段温控方案之一。它以精馏段塔板温度为被控变量，以回流量为操纵变量，实现精馏段温度的定值控制。除了这一主要控制系统外，该方案还有五个辅助控制回路。对进料量、塔压、塔底采出量与塔顶馏出液这四个控制方案和提馏段温控方案基本相同；不同的是对再沸器加热蒸汽流量进行了定值控制，且要求有足够的蒸汽量供应，以使精馏塔在最大负荷时仍能保证塔顶产品符合规定的质量指标。

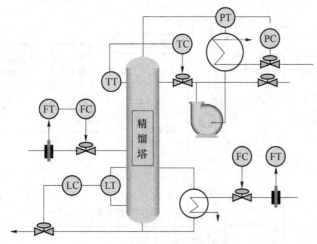

图 3-2-3 精馏段温度控制方案

上述的精馏段温控系统，由于采用了精馏段温度作为间接质量指标，它直接影响了精馏段产品的质量状况。因此，当塔顶产品的纯度要求比塔底产品更为严格时，精馏段温控无疑是最佳选择。另外，精馏段温控对于气相进料引入的扰动，控制及时，过渡过程短，可以获得较为满意的控制质量。

提馏段和精馏段温控方案，在精密精馏时，由于对产品的纯度要求非常高，往往难以满足产品质量要求，这时常常采用温差控制。温差控制是以某两块塔板上的温度差作为衡量质量指标的间接变量，其目的是为了消除塔压波动对产品质量的影响。

## 四、看一看案例

### （一）工作准备

（1）了解精馏塔的生产工艺。

（2）了解精馏塔的主要控制系统。

图 3 - 2 - 4 所示为精馏塔。

图 3 - 2 - 4　精馏塔

（3）会确定精馏塔生产过程控制方案。

焦化精苯生产过程有粗苯精馏、未洗混合馏分洗涤、已洗混合馏分精馏 3 个过程。粗苯精馏可获得未洗混合馏分。目前粗苯精馏主要分间歇精馏和双塔连续精馏两种方式。间歇精馏设备简单，只有初馏釜、冷凝冷却器、油水分离器、回流柱等，生产操作较易掌握，故小型焦化厂大多采用此种生产工艺，但粗苯处理量小，工人劳动强度大。

大型焦化厂因粗苯处理量大，有些也用双塔连续精馏工艺。该工艺分主塔和侧塔，实行两次精馏。因其设备复杂，工艺管线多而长，生产不易掌握，制约了它的使用和推广。

为了提高粗苯的加工能力，采用单塔连续精馏工艺。其工艺流程图如图 3 - 2 - 5 所示。

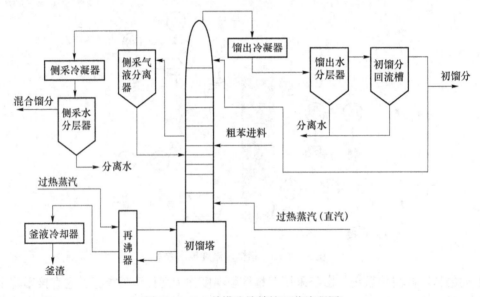

图 3 - 2 - 5　单塔连续精馏工艺流程图

**（二）实施准备**

1. 设备、工具、材料准备

精馏塔生产控制系统一套；过程变量检测仪表、控制器、执行器等；纸、笔、计算器等；电工工具。

2. 工艺原理分析

粗苯是由多种芳香烃和其他化合物组成的混合物。粗苯的主要组分是苯、甲苯、二甲苯及三甲苯，还含有一些不饱和化合物、硫化物及少量的酚类和吡啶碱类，此外，粗苯中还含有少量的饱和烃，多集中于高沸点馏分中。

为了净化粗苯，首先要尽量除去粗苯中的低沸点不饱和化合物及硫化物。粗苯初馏的目的就是除去粗苯中的低沸点不饱和化合物及硫化物，因粗苯中低沸点的二硫化碳、环戊二烯等化合物与苯族烃的沸点相差较大，可以通过初步精馏的方法加以分离。

传统的泡罩塔等板式塔进行粗苯初馏，因其板效率不高，需要较多的塔板，设计出来的精馏塔太高而无法实现单塔精馏，只好设计双塔进行二次精馏。现使用的是波型塔板，由华侨大学自主研究和设计，用不锈钢材料制成，共有 53 层塔板，塔高 26 m，塔径 0.8 m。波型塔板经设计单位测试有较高的板效率，所需的塔板数少，因此用单塔进行连续精馏成为可能。

粗苯从初馏塔中部进入，塔底设有再沸器，到达塔底的液流，其中一部分在再沸器中蒸发，产生气相，只放出一部分作为塔底产品（重苯）。气相在沿塔体上升过程中与下降的液相在塔板上接触、传质，其易挥发组分的含量逐板增加，塔内有足够的板数，使得升到塔顶的气相组成达到分离要求，在塔顶之上设置的冷凝器中冷凝后，也只放出一部分作为塔顶产品（初馏分），另一部分返回塔顶作为回流，液相在下降过程中与气相传质，将易挥发组分传递给气相，并从气相中取得难挥发组分，由再沸器放出时，其组成已符合要求。侧采口符合混合馏分采出温度要求时（80.5 ~ 85 ℃），打开侧采口，引出的气液混合物经气液分离器分离后，气体从分离器顶部进入侧采冷凝器冷凝后成为混合馏分。液相返回初馏塔中部继续精馏。为了降低料液的沸点和增加气相，还在塔底引入直接蒸汽。根据控制方案选择所需的检测仪表、控制仪表和执行装置，按照控制要求进行安装、调试，使系统能正常运行。

3. 工艺流程分析

根据图 3 - 2 - 5 单塔连续精馏工艺流程图分析工艺流程，该工艺有 3 个进料口，侧线有 3 个采出口，初馏塔使用的是波型塔板，粗苯加工能力为每年 1.1 万 ~ 1.5 万吨。该工艺结构主要由初馏塔、再沸器、侧采气液分离器、侧采冷凝器、侧采水分层器、馏出冷凝器、馏出水分层器、回流槽、釜液冷却器、加料泵、回流泵、抽渣泵等组成。其工艺流程为：粗苯经原料泵送到初馏塔中部，塔底液位达到工艺要求后，再沸器通入过热蒸汽进行加热，产生的蒸汽从初馏塔顶部和中部采出。顶部逸出的初馏分经冷凝器冷却后进入馏出水分层器分层，分层后初馏分一部分回流，剩余部分泵入油库初馏分槽。分离水经界面调节器后外排。塔中采出的混合馏分经侧采气液分离器，气体从分离器顶部进入冷凝器，冷却分进入侧采水分层器，分层后混合馏分进入油库未洗混合馏分槽，分离水经界面调节器流入控制分离器，侧采气液分离器分离出的液体流入初馏塔中部，重苯从塔底经釜液冷却器冷却后抽出进入油库重苯储槽。

4. 掌握控制要求

根据控制要求进行控制系统参数设置。控制系统采用一套 DCS 集散控制系统，粗苯进料量、侧采流量、回流量、初馏分采出量、重苯采出量、过热蒸汽流量执行器使用气动薄膜调节阀，可由电脑直接控制开度并显示流量值，一些重要的参数如初馏塔的塔底和塔顶压力，塔底、塔中、侧采口及塔顶温度，初馏塔液位、回流槽液位、冷却器冷却后的油温等也可在电脑上直接显示。图 3 - 2 - 6 所示为单塔连续精馏控制系统方框图，图 3 - 2 - 7 所示为单塔连续精馏控制流程示意图。

掌握变送器、调节阀及控制线路等的工作原理及安装方法。

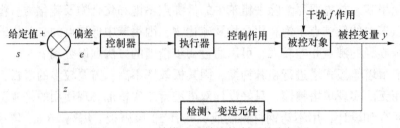

图 3 - 2 - 6　单塔连续精馏控制系统方框图

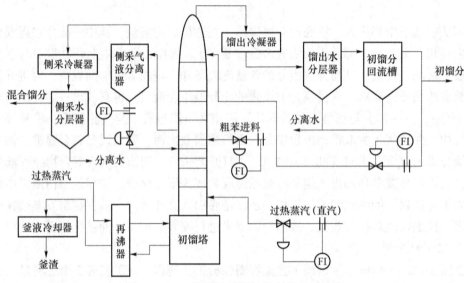

图 3 - 2 - 7　单塔连续精馏控制流程示意图

**(三) 注意事项**

(1) 仪表选择。

① 压力计选择：隔膜密封插入式双法兰差压变送器能实现自动控制、发送信号和报警，适合测量有腐蚀性气、液体及其混合物介质的压力。

② 流量计选择：选用电磁流量计，由于精馏塔含酸性腐蚀性液体。

③ 温度计选择：选用 Pt100 热电阻温度计，适合精馏塔温度不是很高的场合。

(2) 完成工作报告。

(3) 其他注意事项。

① 安全生产的基本原则：安全第一。安全生产，人人有责；安全生产，重在预防。

② 安全生产中的人身安全：人身防御；场内交通安全。

③ 安全生产中的电气安全、安全责任、检查、教育、管理。

# 五、想一想、做一做

(1) 试述精馏塔的用途。

(2) 精馏塔有哪些控制要求和约束条件？

(3) 试分析精馏塔有哪些主要的扰动？

(4) 精馏塔的控制方案主要有哪两部分？试分析每一部分控制方案的特点。

# 实 训 项 目

# 《压力检测单元实训》任务书

## 一、项目实训目的

（1）熟悉压力检测仪表的组成。

（2）熟悉压力表的工作原理，掌握压力表的校验方法。

（3）熟悉压力变送器的工作原理，掌握压力变送器的校验方法。

（4）熟悉压力表、压力变送器的安装。

## 二、项目设计内容

项目主要通过以下 3 个实训进行：

（1）弹簧管压力表的校验。

（2）EJA 压力变送器的结构、安装和调校。

（3）压力测量回路、压力报警回路的构成。

**（一）弹簧管压力表的校验**

（1）熟悉弹簧管压力表的结构和工作原理。

（2）了解活塞式压力计的工作原理。

（3）掌握 YS-60 型活塞压力计的使用方法，并能学会按检定规程校验压力表。

（4）能正确对校验原始数据记录、数据处理及检定结果做出判断。

**（二）EJA 压力变送器的结构、安装和调校**

（1）掌握 EJA 压力变送器的基本操作与变送器仪表的调整方法。

（2）掌握压力变送器零点调整和量程调整及迁移方法。

（3）了解压力变送器的安装。

（4）掌握压力变送器的基本校验方法。

**（三）压力测量回路、压力报警回路的构成**

（1）掌握压力测量回路、报警回路的构成。

(2) 掌握压力变送器与数字显示仪表、闪光报警器的接线。

## 三、项目实训要求

(1) 提前预习实训内容，熟悉压力表、压力变送器的原理和使用，压力测量、报警回路的构成。

(2) 按实训一～三的要求进行。

(3) 完成项目实训报告的书写。

## 四、项目实训报告要求

(1) 编写压力表校验原理、所需设备、校验步骤。

(2) 填写压力表校验原始记录。

(3) 编写压力变送器原理、压力变送器校验所需设备、校验步骤。

(4) 填写压力变送器校验记录。

(5) 简述压力表、压力变送器的安装要求。

(6) 简述压力测量回路、报警回路的构成。

(7) 根据实训仪表画出压力变送器与数字显示仪表、闪光报警器的接线图。

## 五、项目实训考核办法

(1) 项目报告条理清楚、内容充实（30%）。

(2) 校验原始记录、实验结果准确（20%）。

(3) 考核答辩（30%）。

(4) 爱护实验设备、遵守纪律、学习态度端正（20%）。

# 实训一  弹簧管压力表的校验

## 一、实训目的

(1) 熟悉弹簧管压力表的结构和工作原理。

(2) 了解活塞式压力计的工作原理。

(3) 掌握 YS－60 型活塞压力计的使用方法，并能学会按检定规程校验压力表。

(4) 掌握对校验原始数据记录、数据处理及检定结果做出判断。

## 二、实训设备

(1) 活塞式压力计一台；

(2) 标准压力表 0～1.0 MPa、1.6 MPa、2.5 MPa、4.0 MPa，0.4 级，各一块；

(3) 被检压力表 0～1.0 MPa、1.6 MPa、2.5 MPa，1.6 级，各一块。

## 三、实训原理

**工作原理**：活塞压力计是基于活塞本身重量和加在活塞的专用砝码重量，作用在活塞面积上所产生的压力与液压容器内产生的压力相平衡的原理。

采用精密压力表与被检压力表在各被检定点逐一比对的方法，确定被检压力表的各项误差。由于标准压力表和被检压力表在同一连通管内，静压平衡压力相等，所以被检表的示值误差与标准表示值直接比较就能测得。

YL-60型活塞式压力计如图4-1-1所示，活塞式压力计原理图如图4-1-2所示。

图4-1-1　YL-60型活塞式压力计

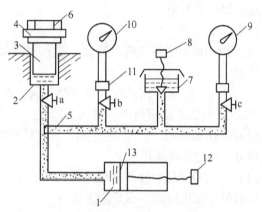

图4-1-2　活塞式压力计原理图

1—液压油缸；2—溢流油杯；3—溢流阀芯；4—溢流阀体；
5—油管；6—手轮；7—油杯；8—平衡阀；9—被检压力表；
10—标准压力表；11—接头；12—旋转手轮；13—活塞
a，b，c—截止阀

**注意事项**：

（1）选用压力表的允许基本误差应小于或等于被检压力表的1/3。

（2）标准压力表的量程应大于被检压力表的1/3。

主要技术要求：

（1）示值误差：在测量范围内，示值误差应不大于表4-1-1所规定的允许误差。

（2）回程误差：在测量范围内，回程误差应不大于表4-1-1所规定的允许误差绝对值。

（3）轻敲位移：轻敲表壳后，指针示值变动量应不大于表4-1-1所规定的允许误差绝对值的1/2。

（4）指针偏转平稳性：在测量范围内，指针偏转应平稳，无跳动和卡住刺针现象。

表4-1-1　准确度等级与允许误差

| 准确度等级 | 允许误差（按量程的百分比计算）/% | | | |
| --- | --- | --- | --- | --- |
| | 零位 | | 测量上限的 (90~100)% | 其余部分 |
| | 带止销 | 不带止销 | | |
| 1.6 | 1.6 | ±1.6 | ±2.5 | ±1.6 |

**通用技术要求：**

（1）压力表外表无松动现象、标志齐全。

（2）表玻璃无色透明、无损伤，没有妨碍读数的缺陷。

（3）分度盘平整光洁，各标志清晰可辨。

（4）指针指示端应能覆盖最短分度线长度的 1/3～2/3。

## 四、实训内容和步骤

选择一只 1.6 级的普通压力表作为被检表，对其基本误差进行鉴定，在全标尺范围内总校验点不得少于 5 个。

1. 校验前准备

（1）操作使用活塞式压力计前，观察气液式水平器是否处于水平状态，将仪器调整到水平状态。

（2）将 a、b、c 三阀关死。打开油杯阀，在油杯内注入约 2/3 的纯净变压器油，逆时针旋转手轮 12 使工作活塞退出，吸入工作液。

（3）关闭油杯阀，打开 b、c 阀，顺时针旋转手轮 12 加压排出管内的空气，直至压力表接头处有工作液即将溢出。

（4）在活塞式压力计右端装上被检压力表，左端装上标准压力表，管接处应放置垫片，同时用扳手拧紧压力表，不漏油为止。

（5）重新吸油，加压排气，让气体从油杯阀处排出。关闭油杯阀，做好校验前的准备工作。

（6）手轮的旋进或旋出可使油压上升或下降。当压力泵一次加压达不到规定值时，可关闭 b、c 阀，打开油杯阀再次吸油。然后关闭油杯阀，打开 b、c 阀继续加压。

2. 校验

（1）在被检压力表量程的 0%、25%、50%、75%、100% 5 点进行升压、降压的校验。

（2）对每个校验点，校验时逐步平稳地升压（或降压），当示值达到测量上限后，切断压力源，耐压 3 min，然后按原校验点平稳升压或降压。

a. 示值误差：对每个校验点，在升压（或降压）和降压（或升压）校验时，观察轻敲表壳前、后的示值，填入原始记录表格。

b. 回程误差：对同一被检点，在升压（或降压）和降压（或升压）校验时，轻敲表壳前、后示值之差。

c. 轻敲位移：对同一被检点，在升压（或降压）和降压（或升压）校验时，观察轻敲表壳后引起的示值变动量，填入原始记录表格。

d. 指针偏转平稳性：在示值校验过程中，用目力观测指针的偏转，是否平稳，有无跳动和卡住刺针现象。

校验结束后，打开油杯阀，取下压力表，放出工作液，用棉纱把压力表校验台擦拭干净，并罩好防尘罩。

## 五、实训记录

完成表 4 – 1 – 2 的填写。

**表 4 – 1 – 2　压力表校验原始记录**

校验日期：　　　　　　　　　　　　指导老师：

校验人：　　　　　　　　　　　　　同组人：

被检表　　名称：　　　　　　　　　外观：

测量范围：　　　　　　　　　　　　准确度等级：　　　　　　允许误差：

标准仪器　名称：　　　　　　　　　室温：　　　　　　　　　允许误差：

| 标准压力/MPa | 被检表轻敲后的示值 | | 轻敲指针变动量 | | 回程误差 |
|---|---|---|---|---|---|
| | 升压 | 降压 | 升压 | 降压 | |
| | | | | | |
| | | | | | |
| | | | | | |
| | | | | | |
| | | | | | |
| | | | | | |
| | | | | | |

备注：

校验结果：符合　　　　　级。

教师考评：

# 实训二　EJA 压力变送器的结构、安装和调校

## 一、实训目的

（1）掌握 EJA 压力变送器的基本操作与变送器仪表的调整方法。

（2）掌握压力变送器零点调整和量程调整及迁移方法。

（3）了解压力变送器的安装。

（4）掌握压力变送器的基本校验方法。

## 二、实训设备

（1）EJA 压力变送器；

（2）活塞压力计；

（3）HART 375 智能终端手操器；

（4）VICTOR05 回路校准器；

（5）24 V DC 稳压电源。

## 三、实训原理

### 1. EJA 压力变送器的工作原理

采用微电子加工技术（MEMS）在一个单晶硅芯片表面的中心和边缘制作两个形状、尺寸、材质完全一致的 H 形状的谐振梁，谐振梁在自激振荡回路中作高频振荡。单晶硅片的上下表面受到的压力不等时，将产生形变，导致中心谐振梁因压缩力而频率减小，边缘谐振因受拉伸力而频率增加。两频率之差信号直接送到 CPU 进行数据处理，然后经 D/A 转换成 4～20 mA 的输出信号。

### 2. EJA 压力变送器的结构

EJA 压力变送器的结构如图 4-2-1 所示。

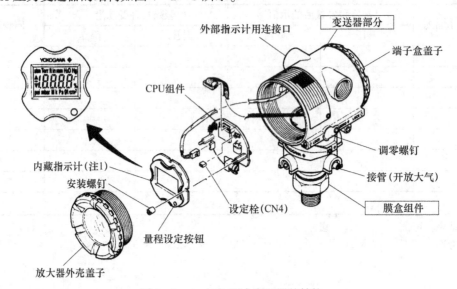

图 4-2-1 EJA 压力变送器的结构

## 四、实训内容和步骤

### 1. 电源连接

电源线接在变送器 "SUPPLY" 的 "+" "-" 端子上。其连接图如图 4-2-2 所示。

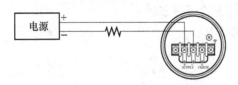

图 4-2-2 电源连接示意图

### 2. 外接指示计连接

外接指示计连接到 "CHECK" 的 "+" "-" 端子上（请注意使用内阻 10 MΩ 以下的外接指示计）。其连接图如图 4-2-3 所示。

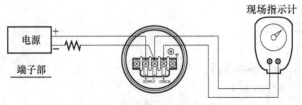

图 4-2-3 外接指示计连接图

**3. 智能手持终端连接**

将 HART 375 接在 "SUPPLY" 的 "+" "−" 端子上（使用针钩）。其连接图如图 4−2−4 所示。因为 HART 375 以交流信号与接线盒连接，故无极性。

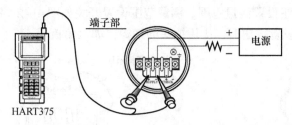

图 4−2−4　智能手持终端连接

**4. 校验仪表的连接**

校验仪表连接到 "CHECK" 的 "+" "−" 端子上，请使用内阻小于 10 Ω 的校验仪表。如无 24 V DC 稳压电源，可使用数字显示仪上带有 24 V DC 输出的电源替代。校验仪表的连接如图 4−2−5 所示。

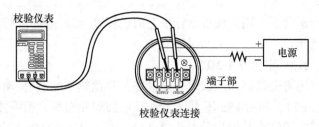

图 4−2−5　校验仪表的连接

**5. 变送器与二次仪表的连接**

变送器与二次仪表的连接如图 4−2−6 所示。

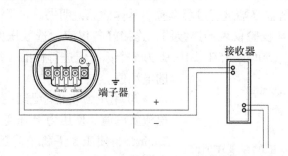

图 4−2−6　变送器与二次仪表的连接

**6. 压力变送器的校验**

（1）基本误差的校准。

① 首先把被检压力变送器正确安装在压力表校验仪上，打开阀门，并通电 5 min。

② 完成启动后可以进行零点调整。

a. 用变送器的调零螺钉进行调零。用平口螺丝刀转动调零螺钉。顺时针转动增大输出或逆时针转动减小输出。

零点的分辨率为设定量程的 0.01%，调零度与螺钉转动速度有关：慢速转动，可进行精确调整；快速转动，可进行粗略调整。图4-2-7所示为用变送器的调零螺钉进行调零示意图。

b. 用HART 375智能终端进行调零。具体详见说明书。

③ 量程调整。

a. 用量程设置按钮设置测量范围。测量范围设置开关如图4-2-8所示。

注：接测量范围设置按钮时，应用钝头的细棒，如六角扳手。

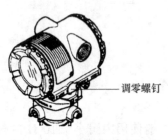

图4-2-7　用变送器的调零
螺钉进行调零示意图

图4-2-8　测量范围设置开关

现场压力引入变送器后，用内藏指示计板上的量程设定按钮和外部调整螺钉按下列步骤改变上、下限量程范围：

将LRV定为0，HRV定为0.1 MPa。

按校验仪表连接图将变送器和测试仪表连接好，并预热5 min；按动测量范围设置按钮，内藏指示计显示"LSET"，将0 kPa压力（大气压）加到变送器，朝需要的方向转动外部调整螺钉，调节外部调零螺钉直至输出信号为0（1V DC），LRV设置完毕；按动测量范围设置按钮，内藏指示计显示"LSET"，将0.1 MPa压力加到变送器，内藏显示的输出信号以%方式显示；调节外部调零螺钉直至输出信号为100%（5V DC），HRV设置完毕；按动测量范围设置按钮，变送器回到通常状态，其测量范围为0~0.1 MPa。

b. 用HART 375智能终端进行量程调整。具体详见说明书。

④ 按压力变送器与校验仪表的连接图，连接好各仪表，选取压力变送器测量范围0~0.1 MPa的0%、25%、50%、75%、100%为5个标准值进行校准。并计算好各标准点对应的电流值。

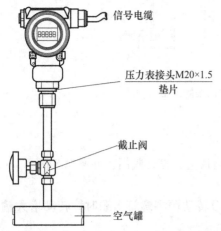

图4-2-9　将变送器安装到空气罐示意图

⑤ 用压力表校验器平稳加压，读取各点相应电流实测值。使压力上升到上限值105%处，停留2 min，再使压力平稳下降到最小，读取各点相应实测值。

⑥ 停止变送器，切断电源，关闭引压阀。

（2）计算基本误差。

记录上述结果，并填写校验记录。

按图4-2-9将变送器安装到空气罐。

压力变送器的启动：打开截止阀，将空气引入压力变送器检测部，确认引压管、变送器其他元件均无压力泄漏后，接通电源。

## 五、实训记录

将检验数据记录于表 4 – 2 – 1。

**表 4 – 2 – 1  压力变送器校验记录**

| 室温：　　℃ | | | 湿度： | | 电源： | | |
|---|---|---|---|---|---|---|---|
| 输入信号 | | 0% | 25% | 50% | 75% | 100% |
| 输出公称值/mA | | | | | | | |
| | | | | | | | |
| 原始数据 | 上行程 | 输出测量结果 | | | | | |
| | | 测量误差 | | | | | |
| | 下行程 | 输出测量结果 | | | | | |
| | | 测量误差 | | | | | |
| | 回程误差 | | | | | | |
| | 允许基本误差 | | | 允许基本误差 | | | |
| | 实际基本误差 | | | 实际基本误差 | | | |

结论：_____；日期：_____。

教师考评：

# 实训三  压力测量回路、压力报警回路的构成

## 一、实训目的与要求

（1）掌握压力测量回路、报警回路的构成。

（2）掌握压力变送器与数字显示仪表、闪光报警器的接线。

## 二、实训设备

（1）EJA 压力变送器一台；

（2）DY21T00P 数字显示仪表一台；

（3）HART 375 智能手持终端一台；

（4）闪光报警器；

（5）二芯电缆若干；

（6）压缩空气。

## 三、实训原理

（1）压力测量报警回路的组成，如图 4 – 3 – 1 所示。

（2）EJA 压力变送器与数字显示仪连接原理图，如图 4 – 3 – 2 所示。

（3）HART 375 智能手持终端与 EJA 压力变送器的连接。

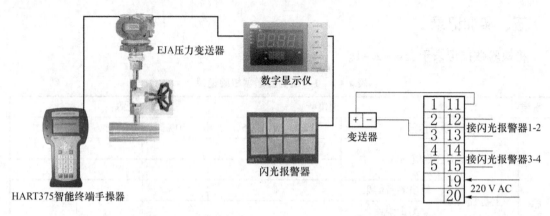

图4-3-1 压力测量报警回路的组成

图4-3-2 EJA压力变送器与数字显示仪连接原理图

（4）闪光报警器与数字显示仪的连接，如图4-3-3所示。

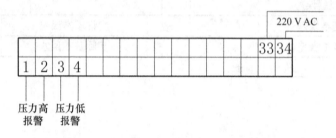

图4-3-3 闪光报警器与数字显示仪连接图

## 四、实训内容与步骤

（1）按相应图接线，用HART 375智能手持终端给压力变送器设定量程0~0.6 MPa。

（2）给数字显示仪设置参数。

① 输入信号4~20 mA。

② 设置量程为0~0.6 MPa。

③ 设定压力报警上限0.4 MPa，压力下限0.2 MPa。

④ 设置高低限输出触点。

（3）压力变送器与数字显示仪的连接，数字显示仪与闪光报警器的连接。

① 按原理图4-3-1，根据数字显示仪说明书检查接线线路是否正确。

② 接线无误后，将数字显示仪接通电源，按厂家规定时间预热。

③ 给压缩机通电，使压缩空气压力达到0.8 MPa。

④ 打开压缩空气阀门，将压缩空气通入空气罐。

⑤ 注意观察空气罐上压力表的数值与数字显示仪的数值是否一致。

⑥ 按图与闪光报警器接线，观察空气罐压力小于0.2 MPa、大于0.4 MPa时是否报警。

## 五、实训报告

其内容包括实训目的、实训设备及连接图、自己做实训的步骤，以及实训数据记录。

# 项目五

## 《温度检测单元实训》任务书

### 一、项目实训目的

（1）熟悉掌握热电阻、热电偶的结构、工作原理。
（2）熟悉热电阻、热电偶的基本安装。
（3）熟悉温度测量回路、温度报警回路的构成。

### 二、项目设计内容

项目主要通过以下两个实训进行：
**（一）热电阻、热电偶的结构和安装**
（1）掌握热电阻、热电偶的基本结构。
（2）掌握热电阻、热电偶的基本工作原理。
（3）掌握热电阻、热电偶的基本安装。
（4）掌握 Pt100 热电阻阻值与温度的对应关系。
**（二）温度测量回路、温度报警回路的构成**
（1）掌握温度测量仪表回路的构成。
（2）掌握数字显示仪表的调试方法。
（3）掌握万用表的使用方法。

### 三、项目实训要求

（1）提前预习实训内容，熟悉热电阻、热电偶的结构、工作原理、安装使用；温度测量回路、温度报警回路的构成。
（2）按实训一、二的要求进行。
（3）完成项目实训报告的书写。

## 四、项目实训报告的要求

（1）简述热电阻、热电偶的结构、工作原理。

（2）填写实训记录要求温度对应的 Pt100 的阻值。

（3）比较热电阻、热电偶在 40 ℃、50 ℃、60 ℃、70 ℃时测量的误差。

（4）简述温度测量回路、温度报警回路的构成。

（5）简述数字显示仪表的调试。

## 五、项目实训考核办法

（1）项目报告条理清楚、内容充实（30%）。

（2）校验原始记录、实验结果准确（20%）。

（3）考核答辩（30%）。

（4）爱护实验设备、遵守纪律、学习态度端正（20%）。

# 实训一  热电阻、热电偶的结构和安装

## 一、实训目的

（1）掌握热电阻、热电偶的基本结构。

（2）掌握热电阻、热电偶的基本工作原理。

（3）掌握热电阻、热电偶的基本安装。

（4）掌握 Pt100 热电阻阻值与温度的对应关系。

## 二、实训设备

（1）热电阻 Pt100；

（2）热电偶 K；

（3）数字显示仪 XMT605；

（4）三芯电缆、补偿导线（K）。

## 三、实训原理

**热电阻的工作原理**：热电阻温度计是基于金属导体的电阻值随温度的变化而变化的特性来进行温度测量的。铂热电阻一般可以测量 -200 ℃ ~500 ℃间的温度。热电阻的结构如图 5 - 1 - 1 所示。

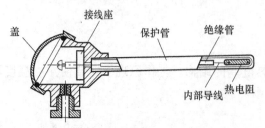

图 5 - 1 - 1　热电阻的结构

**热电偶的工作原理**：热电偶是由两种不同材料的导体 A 和 B 焊接或绞接而成，连在一起的一端称作热电偶的工作端（热端、测量端），另一端与导线连接，叫作自

由端（冷端、参比端）。导体 A、B 称为热电极，合称热电偶。使用时，将工作端插入被测温度的设备中，冷端置于设备的外面，当两端所处的温度不同时（热端为 $t$，冷端为 $t_0$），在热电偶回路中就会产生热电势。热电偶一般可以测量 $-100\ ℃ \sim 2\ 000\ ℃$ 间的温度。一般在检测高温时使用。

**热电偶的结构：**热电偶的结构如图 5 - 1 - 2 所示。

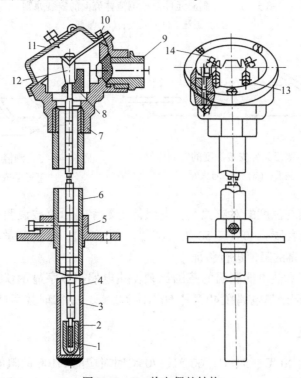

图 5 - 1 - 2　热电偶的结构

1—热电偶冷端；2—绝缘管；3—下保护套管；4—绝缘珠管；5—法兰；6—上保护套管；
7—接线盒底座；8—接线绝缘座；9—引出线管；10—固定螺旋；11—外罩；
12—接线柱；13—引出电极固定螺旋；14—引出线螺钉

## 四、实训内容和步骤

（1）拆下热电阻，观察其结构组成。

（2）拆下热电偶，观察其结构组成。

（3）按照电阻体安装图，将热电阻安装到管道上。

（4）按照热电偶安装图，将热电偶安装到管道上。

（5）测温元件的安装原则：

① 保证测温元件与流体充分接触，测温元件应迎着被测流体流向插入，如图 5 - 1 - 3 所示。

② 感温点处于流速最大点，保护末端应分别越过流速中心线 $5 \sim 10$ mm、$50 \sim 70$ mm、$25 \sim 30$ mm。

③ 有足够的插入深度。测温元件安装深度的安装原则如图 5 - 1 - 4 所示。

④ 测温元件与被测管道直径的安装原则如图 5 - 1 - 5 所示。当管道直径 $< 80$ mm 时，应接扩大管。

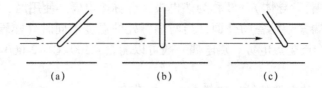

图 5 - 1 - 3　测温元件与被测流体流向的安装原则

(a) 逆流；(b) 正交；(c) 顺流

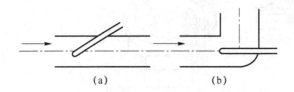

图 5 - 1 - 4　测温元件安装深度的安装原则

(a) 斜插；(b) 插入弯头处

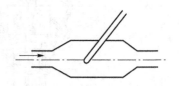

图 5 - 1 - 5　测温元件与被测管道
直径的安装原则

（6）热电阻阻值与温度的对应关系：电阻体与数字显示仪按说明书接好线。给罐体加入热水。数字显示仪表显示 40 ℃、50 ℃、60 ℃、70 ℃时，分别测量对应温度时的电阻阻值，然后用分度表查得的阻值进行验证。

（7）热电阻测温和热电偶测温的范围比较：热电偶与数字显示仪按说明书接线，在步骤（6）时，同时也记录热电偶在 40 ℃、50 ℃、60 ℃、70 ℃时数字显示仪的温度。

## 五、实训记录

（1）记录温度为 40 ℃、50 ℃、60 ℃、70 ℃时对应的 Pt100 的阻值。

（2）将记录下的温度从 Pt100 分度表查得的阻值与实际测得的电阻值进行对比，可计算出 Pt100 热电阻的精度等级。

（3）比较热电阻、热电偶在 40 ℃、50 ℃、60 ℃、70 ℃时测量的误差，得出结论。

# 实训二　温度测量回路、温度报警回路的构成

## 一、实训目的与要求

（1）掌握热电偶、热电阻的工作原理。

（2）掌握温度测量仪表回路的构成。

（3）掌握数字显示仪表的调试方法。

（4）掌握万用表的使用方法。

## 二、实训设备

（1）DY21T00P 系列数字显示仪表一台；

（2）Pt100 热电阻一只、分度号为 K 的热电偶一只、水银温度计一只；

（3）万用表一台；

（4）VICTOR05 回路校准器；

（5）闪光报警器一台；

（6）三芯电缆、补偿导线（K）若干。

## 三、实训原理

1. 外观

热电阻、热电偶外观应良好；标志清晰；接线盒接线无松动、套管无漏点；数字显示仪外观应良好；标志清晰；无松动、破损；无读数缺陷；仪表示值清晰等。

热电阻测温系统：热电阻测温系统一般由热电阻、连接导线和显示仪表等组成。

① 热电阻和显示仪表的分度号必须一致。

② 为了消除连接导线电阻变化的影响，必须采用三线制接法。

2. 热电阻与数字显示仪的连接

热电阻与数字显示仪的连接如图 5 - 2 - 1 所示。

3. 热电偶与数字显示仪的连接

热电偶与数字显示仪的连接如图 5 - 2 - 2 所示。

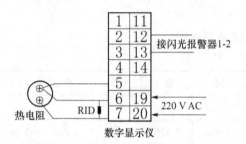

图 5 - 2 - 1　热电阻与数字显示仪连接图

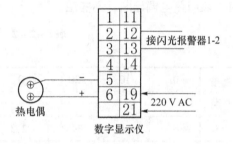

图 5 - 2 - 2　热电偶与数字显示仪连接图

4. 闪光报警器接线原理图

闪光报警器接线原理图如图 5 - 2 - 3 所示。

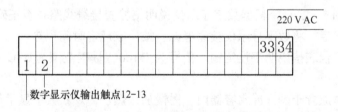

图 5 - 2 - 3　闪光报警器接线原理图

## 四、实训内容与步骤

1. 仪表外观检查

按外观技术要求用目力观察。

**2. 热电阻的测试**

（1）查看水银温度计温度，对照表 5 - 2 - 1，得到室温对应的 Pt100 电阻值。

（2）拆开电阻体接线盒，用万用表电阻挡测量电阻体接线端，若电阻体阻值 ≈ 室温电阻值，则电阻体合格，可用；若电阻体阻值 = ∞，则电阻体断路，不可用；若电阻体阻值 ≈ 0，则电阻体短路，不可用。

**表 5 - 2 - 1　铂电阻分度表**

$R_0 = 100.00 \ \Omega$　分度号：Pt100

| 温度 $t/℃$ | 0 | 10 | 20 | 30 | 40 | 50 | 60 | 70 | 80 | 90 |
|---|---|---|---|---|---|---|---|---|---|---|
| | 热电阻值/Ω | | | | | | | | | |
| +0 | 100.00 | 103.90 | 107.79 | 111.67 | 115.54 | 119.40 | 123.24 | 127.07 | 130.89 | 134.70 |
| 100 | 138.50 | 142.29 | 146.06 | 149.82 | 153.58 | 157.31 | 161.04 | 164.76 | 168.46 | 172.16 |

**3. 热电偶的测试**

（1）查看水银温度计温度，对照表 5 - 2 - 2，得到室温对应的分度号为 K 的电势值。

（2）拆开热电偶接线盒，用万用表电阻挡测量电偶接线端，电阻 = 0 时，用信号发生器 mV 挡测量热电偶接线端，若热电偶电势值 ≈ 室温电势值，则热电偶合格，可用；电阻 = ∞ 时，表明热电偶已断，不能用。

**表 5 - 2 - 2　镍铬 - 镍硅热电偶分度表**

分度号：K

| 温度 $t/℃$ | 0 | 10 | 20 | 30 | 40 | 50 | 60 | 70 | 80 | 90 |
|---|---|---|---|---|---|---|---|---|---|---|
| | 热电偶电势值/μV | | | | | | | | | |
| +0 | 0 | 397 | 798 | 1 203 | 1 611 | 2 022 | 2 436 | 2 850 | 3 266 | 3 681 |
| 100 | 4 095 | 4 508 | 4 919 | 5 327 | 5 733 | 6 137 | 6 539 | 6 939 | 7 388 | 7 737 |
| 200 | 8 137 | 8 537 | 8 938 | 9 341 | 9 745 | 10 151 | 10 560 | 10 969 | 11 381 | 11 793 |

**4. 热电阻与数字显示仪的连接测试**

（1）按原理图 5 - 2 - 1，根据数字显示仪说明书检查接线线路是否正确。

（2）接线无误后，将数字显示仪接通电源，按厂家规定时间预热。

（3）数字显示仪表按说明书设定输入信号为 Pt100，量程范围为 0 ℃ ~ 100 ℃，设定温度上限为 50 ℃。

（4）将电阻体放置于少许冷水容器内，慢慢加入热水，观察数字显示仪表的变化。

（5）当数字显示仪表温度显示 50 ℃ 时，观察闪光报警器是否报警，停止加入热水，将水银温度计插入容器，观察水银温度计的温度是否与数字显示仪一致；记下数字显示仪温度，给数字显示仪断电，用万用表测量此时电阻体的电阻值，与表 5 - 2 - 1 对照，观察所测得的电阻值对应的温度是否与数字显示仪温度一致。

（6）给数字显示仪接通电源，拆开电阻体接线盒，拆掉一根电线，观察此时数字显示仪显示的数值。

（7）给电阻体接好线，在电阻体套管内加入一些冷水，观察此时数字显示仪显示的数值。

5. 热电偶与数字显示仪的连接测试

（1）按原理图 5 - 2 - 2，根据数字显示仪说明书检查接线线路是否正确。

（2）接线无误后，将数字显示仪接通电源，按厂家规定时间预热。

（3）数字显示仪表按说明书设定输入信号为热电偶 K，量程范围为 0 ℃ ~ 500 ℃；设定温度上限为 50 ℃。

（4）将热电偶放置于少许冷水容器内，慢慢加入热水，观察数字显示仪表的变化。

（5）当数字显示仪表温度显示 50 ℃时，观察闪光报警器是否报警，停止加入热水，将水银温度计插入容器，观察水银温度计的温度是否与数字显示仪一致；记下数字显示仪温度，给数字显示仪断电，用万用表 mV 挡测量此时热电偶的电势值，与表 5 - 2 - 2 对照，观察所测得的电势值对应的温度是否与数字显示仪温度一致。

（6）给数字显示仪接通电源，拆开热电偶接线盒，拆掉一根电线，观察此时数字显示仪显示的数值；拆开热电偶接线盒，将补偿导线正负极对换，观察此时数字显示仪显示的数值。

## 五、实训记录

其内容包括实训目的、实训设备及连接图、自己做实训的步骤，以及实训数据记录。

## 《液位、流量检测单元实训》任务书

### 一、项目实训目的

(1) 熟悉掌握 EJA 差压变送器的结构、安装和调校。
(2) 熟悉液位测量回路、液位报警回路的构成、接线。
(3) 熟悉差压式流量计节流装置的结构和工作原理。
(4) 熟悉标准节流装置配套差压式流量计的安装和投运。

### 二、项目设计内容

项目主要通过以下 3 个实训进行：

**(一) EJA 差压变送器的结构、安装和调校**

(1) 掌握 EJA 差压变送器的基本操作与变送器仪表的调整方法。
(2) 掌握差压变送器零点调整和量程调整及迁移方法。
(3) 了解差压变送器的安装。
(4) 掌握差压变送器的基本校验方法。

**(二) 液位测量回路、液位报警回路的构成**

(1) 掌握液位测量回路的构成。
(2) 掌握差压变送器与数字显示仪表、闪光报警器的接线。
(3) 掌握差压变送器正负迁移的方法。

**(三) 差压式流量计的测试和装配**

(1) 熟悉节流装置的结构和工作原理。
(2) 了解差压式流量计的工作原理。
(3) 熟悉标准节流装置的装配。
(4) 熟悉差压式流量计的安装和投运。

### 三、项目实训要求

（1）提前预习实训内容，熟悉 EJA 差压变送器的结构、安装方法、调校方法和步骤；液位测量回路、液位报警回路的构成；差压式流量计的组成、原理、安装投运。
（2）按实训一～三的要求进行。
（3）完成项目实训报告的书写。

### 四、项目实训报告要求

（1）简述 EJA 差压变送器的结构、安装方法、调校方法和步骤。
（2）填写差压变送器校验记录。
（3）简述液位测量回路、液位报警回路的构成。
（4）画出液位测量回路、液位报警回路的接线图。
（5）简述差压式流量计的组成、原理、安装投运。

### 五、项目实训考核办法

（1）项目报告条理清楚、内容充实（30%）。
（2）校验原始记录、实验结果准确（20%）。
（3）考核答辩（30%）。
（4）爱护实验设备、遵守纪律、学习态度端正（20%）。

# 实训一　EJA 差压变送器的结构、安装和调校

## 一、实训目的

（1）掌握 EJA 差压变送器的基本操作与变送器仪表的调整方法。
（2）掌握差压变送器零点调整和量程调整及迁移方法。
（3）了解差压变送器的安装。
（4）掌握差压变送器的基本校验方法。

## 二、实训设备

（1）EJA 差压变送器；
（2）活塞压力计；
（3）HATR 375 智能终端手操器；
（4）VICTOR05 回路校准器。

## 三、实训原理

1. EJA 差压变送器的工作原理
如图 6 - 1 - 1 所示，高压端和低压端的金属膜片受到过程压力，通过密封液分别传送到

单晶硅片的上下两面。在单晶硅片中，有2个振子腔体，2个振子的固有频率之差就是差压信号。

真空腔体中的振子是经过精细加工的（H形谐振梁长约700 μm，宽约25 μm，厚约5 μm）。由于振子H形谐振梁的4端与单晶硅片连接，所以当单晶硅片变形时，振子振动频率与压力差成正比例，固有振动频率发生变化。

通过永磁体给振子一个磁场，振子的半片和剩余的半片构成一个励磁电路，测量出该电路的固有频率，将该固有频率与另一个振子的固有频率之差转换成差压信号。将差压信号转换成4~20 mA、脉冲或数字信号输出。

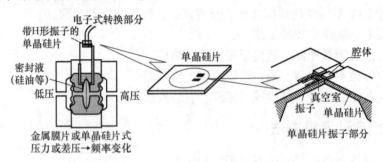

图6-1-1　EJA差压变送器的工作原理

### 2. EJA差压变送器的结构

EJA差压变送器的结构如图6-1-2所示。

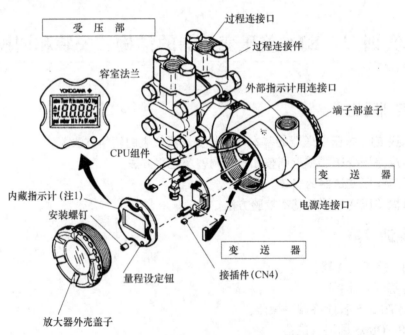

图6-1-2　EJA差压变送器的结构

174

## 四、实训内容和步骤

1. 变送器安装

水平配管型变送器的安装如图 6 – 1 – 3 所示，垂直配管型变送器的安装如图 6 – 1 – 4 所示。

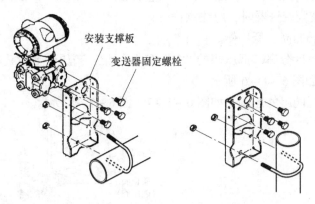

图 6 – 1 – 3　水平配管型变送器的安装

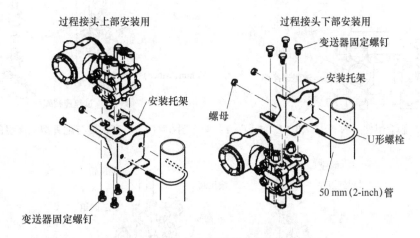

图 6 – 1 – 4　垂直配管型变送器的安装

2. 信号压力的引入

变送器的输入信号压力一般有两种方法引入：通过直通终端接头；通过腰形法兰。

（1）通过直通终端接头：图 6 – 1 – 5 为直通终端接头结构图。接头体 1 上有外螺纹，它拧到变送器的导压口。螺纹有各种规格，以适应不同型号的变送器的需要。接管 5 和引压导管相焊，它也有多种规格，以配不同直径和壁厚的引压导管。拆卸时，只要把外套螺母 4 拧下，就可以使变送器和导压管分开。

（2）通过腰形法兰：腰形法兰是一个小法兰，形如腰子，有时也叫椭圆法兰。它用两螺钉固定在变送器的导压口上，法兰的一端和变送器

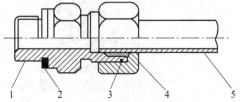

图 6 – 1 – 5　直通终端接头结构图

1—接头体；2—垫圈；3—卡套；

4—外套螺母；5—接管

相通，另一端有内螺纹接口，直通终端接头或引压导管即拧在此接口上。拆卸时，拧开腰形法兰的两个固定螺钉，或拧开直通终端接头的外套螺母，都可以使导压管和变送器分开。

3. 导压管安装

导压管用于传送过程压力给变送器，如果导压管内的液体中含有气体或管内的气体中有残留物，就不能进行正确的压力传递，压力测量就会产生误差。因此应选择适合的过程流体的正确配管方法。装配变送器时，应注意：

(1) 确认变送器的高、低压侧。

(2) 膜盒上刻有区分高、低压侧的"H""L"标记，高压侧导管连接到"H"，低压侧导管连接到"L"，如图6-1-6所示。

(3) 变送器与三阀组的连接，如图6-1-7、图6-1-8所示。

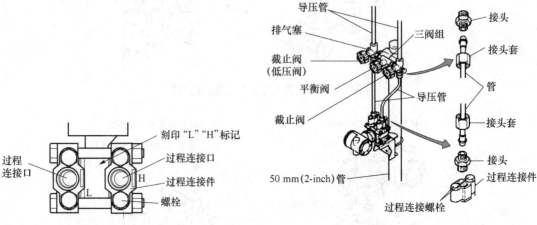

图6-1-6　膜盒组件上的"H"和"L"标识　　　　图6-1-7　变送器与配管型三阀组的连接

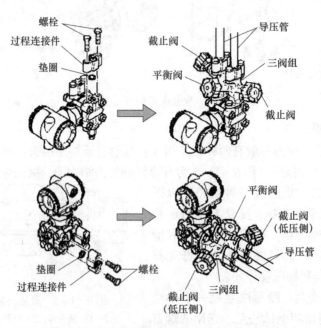

图6-1-8　变送器与直接安装型三阀组的连接

4. 接线

（1）电源连接。

电源线接在"SUPPLY"的"＋""－"端子上，如图6-1-9所示。

（2）手持智能终端连接。

将手持智能终端连接在"SUPPLY"的"＋""－"端子上（使用针钩），通信线使用250~600 Ω的串联电阻，如图6-1-10所示。

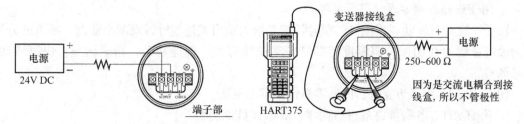

图6-1-9　电源连接　　　　　　图6-1-10　手持智能终端连接

（3）检测回路连接，如图6-1-11、图6-1-12所示。

因为是两线制传输仪表，信号线就是电源线，需配备直流电源，如果二次仪表直接配有24 V DC电源，则不需另外配置。

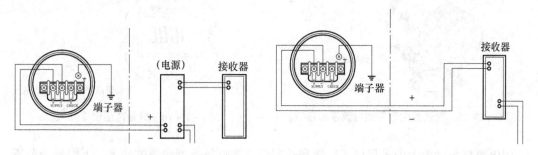

图6-1-11　变送器与配电器的连接　　　图6-1-12　二次仪表与变送器的连接

（4）校验仪表的连接，如图6-1-13所示。

校验仪表连接到"CHECK"的"＋""－"端子上，请使用内阻小于10 Ω的校验仪表。如无24 V DC稳压电源，可使用数字显示仪上带有24 V DC输出的电源替代。

（5）配线安装，如图6-1-14所示。

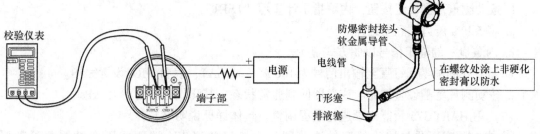

图6-1-13　校验仪表的连接　　　　　图6-1-14　配线用隔爆密封接头

**5. 差压变送器的校验**

操作步骤如下：

（1）基本误差的校准。

① 首先把被检差压变送器高压端正确安装在压力表校验器上，打开阀门，并通电 5 min。

② 完成启动后可以进行零点调整。

a. 用变送器的调零螺钉进行调零。

用平口螺丝刀转动调零螺钉。顺时针转动增大输出或逆时针转动减小输出。零点的分辨率为设定量程的 0.01%，调零度与螺钉转动速度有关：慢速转动，精确调整；快速转动，粗略调整。

图 6 - 1 - 15 所示为变送器的调零螺钉调零示意图。

b. 用 HART 375 智能终端进行调零。具体详见说明书。

③ 量程调整。

用量程设置按钮设置测量范围。图 6 - 1 - 16 所示为测量范围设置开关。

注：接测量范围设置按钮时，应用钝头的细棒，如六角扳手。

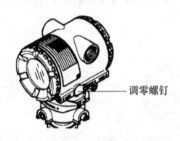

图 6 - 1 - 15　变送器的调零螺钉调零示意图　　　　图 6 - 1 - 16　测量范围设置开关

用内藏指示计板上的量程设定按钮和外部调整螺钉按下列步骤改变上、下限量程范围：将 LRV 定为 0，HRV 定为 5 kPa。

a. 按校验仪表连接图将变送器和测试仪表连接好，并预热 5 min。

b. 按动测量范围设置按钮，内藏指示计显示"LSET"。

c. 将 0 kPa 压力（大气压）加到变送器。

d. 朝需要的方向转动外部调整螺钉。

e. 调节外部调零螺钉直至输出信号为 0（1 V DC），表明 LRV 设置完毕。

f. 按动测量范围设置按钮，内藏指示计显示"LSET"。

g. 将 5 kPa 压力加到变送器。

h. 内藏显示的输出信号以%方式显示。

I. 调节外部调零螺钉直至输出信号为 100%（20 mA），表明 HRV 设置完毕。

j. 按动测量范围设置按钮，变送器回到通常状态，其测量范围为 0 ～ 5 kPa。

（2）用 HART 375 智能终端进行量程调整。具体详见说明书。

① 按差压变送器与校验仪表的连接图，连接好各仪表，选取差压变送器测量范围 0 ～ 5 kPa 的 0%、25%、50%、75%、100% 为 5 个标准值进行校准，并计算好各标准点

对应的电流值。

② 用压力表校验器平稳加压，读取各点相应电流实测值。使压力上升到上限值105%处，停留2 min，再使压力平稳下降到最小，读取各点相应实测值。

③ 停止变送器。切断电源，关闭引压阀。

（3）计算基本误差。

记录上述结果，并填写校验记录。

6. 差压变送器与水箱的连接

按图6-1-17将差压变送器连接到水箱。

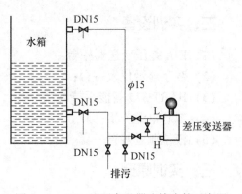

图6-1-17 差压变送器连接水箱示意图

## 五、实训记录

将校验数据记录于表6-1-1。

表6-1-1 差压变送器校验记录

| 室温：　　℃ | | | 湿度： | | | 电源： | | |
|---|---|---|---|---|---|---|---|---|
| 原始数据 | 输入信号 | | 0% | 25% | 50% | 75% | 100% | |
| | 输出公称值/mA | | | | | | | |
| | 上行程 | 输出测量结果 | | | | | | |
| | | 测量误差 | | | | | | |
| | 下行程 | 输出测量结果 | | | | | | |
| | | 测量误差 | | | | | | |
| | 回程误差 | | | | | | | |
| | 允许基本误差 | | | | 允许基本误差 | | | |
| | 实际基本误差 | | | | 实际基本误差 | | | |

结论_____；日期：_____。

教师考评：

# 实训二　液位测量回路、液位报警回路的构成

## 一、实训目的与要求

（1）掌握液位测量回路的构成。

（2）掌握差压变送器与数字显示仪表、闪光报警器的接线。

（3）掌握差压变送器正负迁移的方法。

## 二、实训设备

（1）EJA 差压变送器一台；
（2）数字显示仪表一台；
（3）HART 375 智能手持终端一台；
（4）二芯电缆若干；
（5）液位测量装置一套。

## 三、实训原理

（1）液位测量、报警回路的组成，如图 6 - 2 - 1 所示。
（2）EJA 差压变送器与数字显示仪连接原理图，如图 6 - 2 - 2 所示。

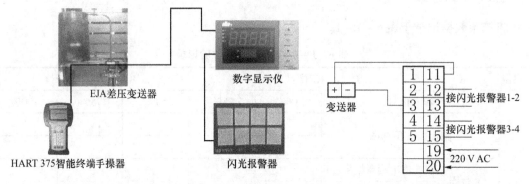

图 6 - 2 - 1　液位测量、报警回路的组成

图 6 - 2 - 2　EJA 差压变送器与数字显示仪连接原理图

（3）HART 375 智能手持终端与 EJA 差压变送器的连接。
（4）闪光报警器与数字显示仪的连接，如图 6 - 2 - 3 所示。

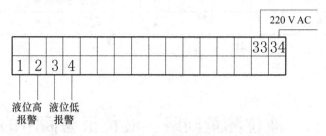

图 6 - 2 - 3　闪光报警器与数字显示仪连接图

## 四、实训内容与步骤

（1）按图 6 - 2 - 2 接线，用 HART 375 智能手持终端给差压变送器设定量程为 0 ~ 0.5 kPa（0 ~ 0.5 m）。
（2）给数字显示仪设置参数。
① 输入信号 4 ~ 20 mA。
② 设置量程为 0 ~ 0.5 kPa。

③ 设定液位报警上限 0.4 m，液位报警下限 0.1 m。

④ 设置高、低限输出触点。

（3）将差压变送器与数字显示仪连接，将数字显示仪与闪光报警器连接。

（4）给水箱加水，刚好到最低阀门处；给所有仪表通电。

（5）用 HART 375 智能手持终端连接差压变送器调整零点，观察显示仪显示是否为零。

（6）调整好零位后，慢慢给水箱加水，对比玻璃液位计和显示仪水位是否一致。

（7）将水箱水放到最低液位阀门处，给低压端的管加满水，HART 375 智能手持终端连接差压变送器调整零点，观察显示仪显示是否为零。

（8）调整好零位后，慢慢给水箱加水，对比玻璃液位计和显示仪水位是否一致。

（9）根据上述过程分析液位测量的正负迁移对液位测量的影响。

（10）按图 6-2-3 与闪光报警器接线，观察液位高于上限 0.4 m、液位低于下限 0.1 m 时是否报警。

## 五、实训报告

其内容包括实训目的、实训设备及连接图、自己做实训的步骤，以及实训数据记录。

# 实训三　差压式流量计的测试和装配

## 一、实训目的

（1）熟悉节流装置的结构和工作原理。

（2）了解差压式流量计的工作原理。

（3）熟悉标准节流装置的装配。

（4）熟悉差压式流量计的安装和投运。

## 二、实训设备

（1）DN50 标准环室孔板节流装置一套；

（2）差压变送器一台；

（3）导压管等安装组件一套。

## 三、实训原理

本试验采用的节流装置为标准孔板、角接取压。

**工作原理：** 在管道内部装上节流件孔板，由于孔板的孔径小于管道内径，当流体流经孔板时，流束截面突然收缩，流速加快。孔板后端流体的静压力降低，在孔板前后产生静压力差，该静压力差与流过的流体流量之间有如下关系：

$$Q = K\sqrt{\Delta P} \qquad\qquad (6-3-1)$$

用差压变送器测量节流件前后的差压，就可实现对流量的测量。

**组成：** 节流装置、差压变送器、导压管。

图 6-3-1 所示为标准节流装置；图 6-3-2 所示为差压流量计组成示意图。

图 6-3-1　标准节流装置

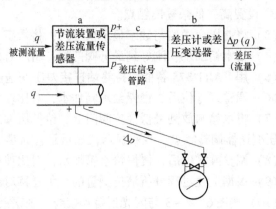

图 6-3-2　差压流量计组成示意图

差压变送器技术要求：

（1）标志：铭牌标志完整、清晰。

（2）正、负压室有明显标记。

（3）计量性能要求如表 6-3-1 所示。

表 6-3-1　计量性能要求

| 准确度等级 | 基本误差限 | 回程误差限 |
| --- | --- | --- |
| 0.5 | ±0.5 | 0.4 |
| 1.0 | ±1.0 | 0.8 |
| 注：表中的误差是输出量程的百分数。 | | |

**节流装置技术要求：**

（1）标志及随机文件。

① 节流装置的明显部位应有流向标志；有铭牌、产品名称、型号、制造日期和编号；公称通径；工作压力；节流孔径。

② 节流装置和传感器的设计计算书及使用说明书。

③ 标准孔板形状如图 6-3-1 所示。

④ 孔板表面应光滑、边缘无卷边、毛刺及明显缺陷，开孔直径符合设计要求。

（2）标准孔板的安装使用条件。

① 管道应充满被测介质，流体应是连续、稳定地流动。

② 在孔板前后有足够的直管段，前为 $15D \sim 20D$，后为 $5D \sim 10D$（$D$ 为管径）。

（3）标准环室孔板节流装置结构，如图 6-3-3 所示。

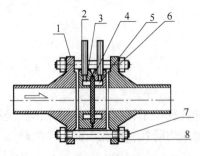

图 6-3-3　标准环室孔板节流装置
结构示意图（Pg≤25）

1—法兰；2—导管；3—前环室；4—节流件；
5—后环室；6—垫片；7—螺栓；8—螺母

## 四、实训内容和步骤

1. 外观检查

（1）孔板标志应符合节流装置的技术要求。

（2）差压变送器应符合变送器的技术要求。

2. 节流装置安装

根据图6-3-3标准环室孔板节流装置结构示意图，对环室孔板进行装配，装配时注意：

（1）新装管路系统，必须在管路冲洗或扫线后再进行节流件的安装。

（2）孔板安装在DN50管道中，其前端必须有1 000 mm的直管段，端面必须与管道轴线垂直，开孔必须与管道同心，后端有500 mm的直管段。

（3）孔板的安装方向"→"箭头符号应与流束的流动方向一致。

（4）节流装置安装在水平管线上时，环室取压口位置，根据介质性能确定方向，两个取压口应在同一水平面上，如图6-3-4（a）、（b）所示。

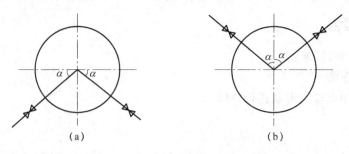

图6-3-4 节流装置取压口示意图

（a）被测流体为液体时 $\alpha \leqslant 45°$；（b）被测流体为气体时 $\alpha \leqslant 45°$

（5）安装环室和孔板时应正确安放垫片（垫片要根据介质的性质来选取），所有垫片不能用太厚的材料，最好不超过0.5 mm，垫片不能突出管壁内，否则可能引起很大的测量误差。

（6）紧固螺栓、螺母时应使孔板、环室均衡受力，以确保密封良好。

3. 差压变送器及附件安装

本试验装置介质为水、DN50管道，按图6-3-5安装。

① 变送器的安装：变送器经校验，符合计量性能要求后才能安装。安装时，变送器的正、负压室要和导压管的正、负相匹配。

② 导压管的安装要求：

导压管应垂直或以不小于1:10的倾斜度敷设，当导压管长度超过30 m时，导压管应分段倾斜，并在最高点和最低点分别装设集气器和沉降器。

导压管按被测介质性质，选择耐压或耐腐蚀的材料制造，其内径不得小于6 mm，被测体液为清洁液体，仪表好，导压

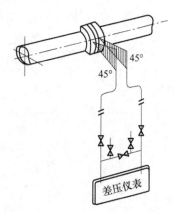

图6-3-5 导压管安装示意图

管长度应小于 16 m。

4. 差压式流量计的投运

差压式流量计安装完毕后，检查紧固件、接头、导压管、截止阀无漏点，确定无误后，就可以进行投运。

(1) 系统检查。按说明书将各信号线正确连接，然后检查节流装置安装是否正确及各种附件上的螺母、差压变送器等的排气孔是否拧紧，当确保整套节流装置系统正确无误后，方可投入运行。

(2) 系统排污。在打开管道总阀门前，应先关闭系统的所有阀门，其次打开正压导压管路的根部阀及排污阀，正压管路吹扫干净后，关闭排污阀。然后打开负压导压管路的根部阀及排污阀，吹扫干净后，关闭排污阀。

(3) 打开三阀组的中间平衡阀，再依次打开正压阀、负压阀。

(4) 差压变送器调零。当导压管路内的介质充满并稳定时，检查显示仪表流量是否为零；如不为零，应对差压变送器进行零点调整。关闭三阀组中间平衡阀，差压式流量计投运完成。

## 五、实训报告

(1) 实训目的及要求。

(2) 实训装配图。

(3) 对实训中出现的现象进行分析。

## 项目七

# 《二次仪表单元实训》任务书

## 一、项目实训目的

（1）熟悉掌握数字显示仪表的使用和校验方法。

（2）熟悉 PID 数字调节器的应用。

（3）熟悉无纸记录仪的应用。

## 二、项目设计内容

项目主要通过以下三个实训进行：

### （一）数字显示仪表的使用和示值校验

（1）了解数字显示仪表的工作原理。

（2）掌握数字显示仪表与一次仪表的连接及示值校验方法。

（3）掌握数字显示仪表的基本操作步骤。

### （二）PID 数字调节器的应用

（1）学习数字调节器的构造及各部件的作用、调节器的原理及工作特性。

（2）了解调节器的功能；掌握调节器的操作方法和测试方法。

（3）熟悉调节器的操作使用方法，学会操作器的校验。

（4）能根据调节器说明书掌握各种参数设置方法。

### （三）无纸记录仪的应用

（1）学习无纸记录仪的构造及各部件的作用。

（2）掌握无纸记录仪的操作使用。

（3）掌握无纸记录仪的参数设置。

（4）掌握无纸记录仪与各种仪表的接线。

## 三、项目实训要求

（1）提前预习实训内容：数字显示仪表的工作原理、接线、校验；调节器的操作、校验；无纸记录仪的操作使用、参数设置、与各种仪表的接线。

（2）按实训一～三的要求进行。

（3）完成项目实训报告的书写。

## 四、项目实训报告要求

（1）简述数字显示仪表的工作原理、校验步骤。

（2）画出数字显示仪表与电阻体的接线图。

（3）填写数字显示仪的原始记录。

（4）简述调节器的操作、校验步骤。

（5）填写压力变送器的校验记录。

（6）简述无纸记录仪的操作使用、参数设置。

（7）画出无纸记录仪与各种仪表的接线图。

## 五、项目实训考核办法

（1）项目报告条理清楚、内容充实（30%）。

（2）校验原始记录、实验结果准确（20%）。

（3）考核答辩（30%）。

（4）爱护实验设备、遵守纪律、学习态度端正（20%）。

# 实训一　　数字显示仪表的使用和示值校验

## 一、实训目的

（1）了解数字显示仪表的工作原理。

（2）掌握数字显示仪表与一次仪表的连接及示值校验方法。

（3）掌握数字显示仪表的基本操作步骤。

## 二、实训设备

（1）DY 系列数字显示仪表一台；

（2）实训室直流电阻箱 ZX78 一台。

## 三、实训原理

### （一）技术要求

1. 外观

外观应良好；标志清晰；无松动、破损；无读数缺陷；仪表示值清晰等。

2. 绝缘电阻

在环境温度为 15 ℃ ~35 ℃，相对湿度为 45% ~74% 的条件下，仪表的电源、输入、输出、接地端子（或外壳）相互之间（输入端子与输出端子间不隔离的除外）的绝缘电阻应不低于 20 MΩ。

3. 基本误差

含有准确度等级的表示方式：

$$\Delta = \pm\alpha\% \, FS$$

式中　$\Delta$——允许基本误差（℃）；

　　　$\alpha$——准确度等级；

　　　FS——仪表量程，测量范围的上、下限之差（℃）。

4. 稳定度误差

仪表显示值的波动量一般不大于其分辨力；短时间示值漂移：1 h 内示值漂移不能大于允许基本误差的1/4。

**（二）原理**

校验采用输入被检点标称电量值法。数字显示仪表与电阻箱采用三线制连接，根据仪表分度号，通过改变电阻值，在数字显示仪表上显示温度的变化值。接线原理如图7－1－1所示。

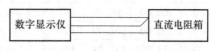

图7－1－1　配三线制热电阻接线图

## 四、实训内容与步骤

1. 仪表外观检查

按外观技术要求用目力观察。

（1）仪表外形结构完好。仪表名称、型号、规格、测量范围、分度号、制造厂名、出厂编号、制造年月等均有明确的标志。

（2）仪表外露部分不应有松动、破损；数字指示面板不应有影响读数的缺陷。

（3）仪表倾斜时内部不应有零件松动的响声。

（4）仪表显示值应清晰、无叠字、亮度应均匀，不应有不亮、缺笔画等现象；小数点和极性、过载的状态显示应正确。

2. 绝缘电阻的校验

仪表电源开关处于接通时，将各电路本身端钮短路，用额定电压为500 V 的绝缘电阻表，在环境温度为15 ℃～35 ℃，相对湿度45%～74%的条件下，对仪表的电源、输入、输出、接地端子（或外壳）相互之间的部位进行测量。测量时，应稳定5 s，读取绝缘电阻值。

3. 基本误差的校验

（1）按原理图接线。

（2）接通电源，按厂家规定时间预热，一般15 min。

（3）按数字显示仪表说明书，对仪表输入信号设定为：Pt100；量程范围：0 ℃～100 ℃。

（4）根据表7－1－1，从下限开始增大输入信号（上行程时），分别给仪表输入各被检点温度所对应的标称电量值，读取仪表相应的指示值，直至上限；然后减小输入信号（下行程时），分别给仪表输入各被检点温度所对应的标称电量值，读取仪表相应的指示值，直至下限，下限值只进行下行程的校验，上限值只进行上行程的校验。

一般校验点取5个点，分别为全量程的0%、25%、50%、75%、100%。

用同样的方法重复测量一次，取两次测量中误差最大的作为仪表的最大基本误差。

（5）基本误差计算：

$$\Delta = \pm\alpha\% \, FS$$

(6) 稳定度的校验。

显示值的波动：仪表预热后，输入信号使仪表显示值稳定在量程的 80% 处，在 10 min 内，显示值不允许有间隔计数顺序的跳动，读取波动范围 $\delta_t$，以 $\delta_t/2$ 作为该仪表的波动量。

短时间示值漂移：仪表预热后，输入信号 50% 量程所对应的电量值，读取此值 $t_0$，以后每隔 10 min 测量一次（测量值 $t_i$ 为 1 min 之内 5 次仪表读数的平均值），历时 1 h，取 $t_i$ 和 $t_0$ 之差绝对值最大的值，作为该仪表短时间示值漂移量。

**表 7 – 1 – 1　铂电阻分度表**

$R_0 = 100.00\ \Omega$　分度号：Pt100

| 温度 t /℃ | 0 | 10 | 20 | 30 | 40 | 50 | 60 | 70 | 80 | 90 |
|---|---|---|---|---|---|---|---|---|---|---|
| | 热电阻值/Ω | | | | | | | | | |
| −0 | 100.00 | 96.09 | 92.16 | 88.22 | 84.27 | 80.31 | 76.33 | 72.33 | 68.33 | 64.30 |
| +0 | 100.00 | 103.90 | 107.79 | 111.67 | 115.54 | 119.40 | 123.24 | 127.07 | 130.89 | 134.70 |
| 100 | 138.50 | 142.29 | 146.06 | 149.82 | 153.58 | 157.31 | 161.04 | 164.76 | 168.46 | 172.16 |
| 200 | 175.84 | 179.51 | 183.17 | 186.82 | 190.45 | 194.07 | 197.69 | 201.29 | 204.88 | 208.45 |

# 五、实训记录

将校验数据记录于表 7 – 1 – 1。

**表 7 – 1 – 1　数字显示仪原始记录**

校验日期：　　　　　　　　指导老师：

校验人：　　　　　　　　同组人：

被检表　名称：　　　　型号：　　　　　　分度号：

　　　测量范围：　　　准确度等级：　　　　分辨力：

标准仪器　名称：　　　室温：　　　　　　相对湿度：

| 被检点温度 | 相对应的标准仪器读数 | 行程 | I 显示值 | II 显示值 | 误差 |
|---|---|---|---|---|---|
| ℃ | Ω | | ℃ | ℃ | |
| | | 上 | | | |
| | | 下 | | | |
| | | 上 | | | |
| | | 下 | | | |
| | | 上 | | | |
| | | 下 | | | |
| | | 上 | | | |
| | | 下 | | | |
| | | 上 | | | |
| | | 下 | | | |

外观＿＿＿＿＿＿＿＿；基本误差：允许值＿＿＿＿＿＿＿＿＿，实际最大误差＿＿＿＿＿＿＿＿＿；
校验结论＿＿＿＿＿＿＿＿。

教师考评：

# 实训二 PID 数字调节器的应用

## 一、实训目的

（1）学习数字调节器的构造及各部件的作用、调节器的原理及工作特性。
（2）了解调节器的功能；掌握调节器的操作方法和测试方法。
（3）熟悉调节器的操作使用方法，学会操作器的校验。
（4）能根据调节器说明书掌握各种参数设置方法。

## 二、实训设备

（1）数字调节器 DY21AI00P；
（2）VICTOR05 回路校准器。

## 三、实训原理

1. 调节器认知

数字调节器的操作面板说明如图 7 - 2 - 1 所示。

PV：测量值显示窗；

SV：给定值显示窗

MV：调节输出指示；

01：报警 1 指示灯；

02：报警 2 指示灯；

03：报警 3 指示灯；

04：报警 4 指示灯；

SET：用于菜单的循环显示以及参数的确认；

ENT：参数设定时用于进入各次级菜单，
PID 调节时手动/自动无扰动切换；

▲/▼：用于参数的修改和选择。

图 7 - 2 - 1 数字调节器的操作面板

2. 实训注意事项

（1）接线时注意电源的极性，严防正负反接、短路。
（2）通电前应请指导老师确认无误后方可通电。
（3）动手调校前，应学习掌握调节器各部件的作用。
（4）调节器在调校前应预热 15 min 后开始实训。

3. 调节器的主要功能

接受变送器送来的测量信号 PV，并将它与给定信号 SV 进行比较得出偏差 $\varepsilon$，对偏差 $\varepsilon$ 进行 PID 连续运算，输出控制信号 $u(k)$。通过改变 PID 参数，可改变调节器控制作用的强弱。除此之外，调节器还具有测量信号、给定信号及输出信号的指示功能。

## 四、实训内容及步骤

熟悉调节器的操作使用方法，并根据数字调节器使用说明书的参数功能说明，掌握参数设置方法。

（1）控制参数（仪表给定值设置）：

▲ 设置控制参数
如压力控制在0.1 MPa，则选择：0.1

（2）输入信号设置：

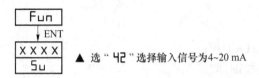

▲ 选"42"选择输入信号为4~20 mA

（3）PID 参数设置：

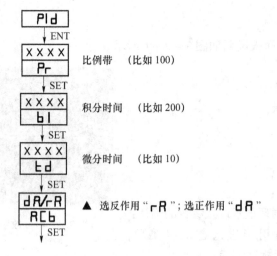

比例带　（比如 100）

积分时间　（比如 200）

微分时间　（比如 10）

▲ 选反作用"rA"；选正作用"dA"

（4）量程设置：

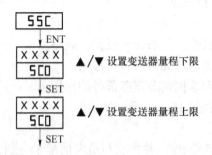

▲/▼ 设置变送器量程下限

▲/▼ 设置变送器量程上限

（5）手动、自动操作。

按 ENT 键，进入手动状态，副屏显示 HXXX，通过 ▲/▼可调节输出的大小，将信号校验器接在背面接线端子16、17，改变输出大小时，观察电流输出是否在 4 ~ 20 mA 范围内变化。

（6）设定控制器为正作用，手动输出由 0~100% 时，通过信号校验器测量输出；设定控制器为反作用，手动输出由 0~100% 时，通过信号校验器测量输出。

结论：控制器正反作用的设定对输出的影响。

## 五、实训记录

其内容包括实训目的、实训设备及连接图、自己做实训的步骤，以及实训数据记录。

# 实训三　无纸记录仪的应用

## 一、实训目的

（1）学习无纸记录仪的构造及各部件的作用。
（2）掌握无纸记录仪的操作使用。
（3）掌握无纸记录仪的参数设置。
（4）掌握无纸记录仪与各种仪表的接线。

## 二、实训设备

（1）无纸记录仪；
（2）闪光报警器；
（3）电阻体 Pt100；
（4）热电偶 K；
（5）压力变送器；
（6）差压变送器；
（7）三芯电缆、两芯电缆、补偿导线（K）若干。

## 三、实训原理

1. 无纸记录仪的功能及作用

无纸记录仪（见图 7-3-1）主要用于现场数据显示、记录、实时曲线显示、历史曲线查询、棒图显示、报警列表显示等功能。可带 18 路报警输出或 12 路模拟量变送输出设备，为变送器提供 24 V DC 电源。同时可以通过数据接口与计算机连接，上传无纸记录仪收集的数据信息。

图 7-3-1　无纸记录仪

2. 无纸记录仪的数据采集

无纸记录仪不同于其他的数据显示仪表，它可以多通道同时采集现场仪表的信号（包括各种标准规格的电压、电流、热电阻和热电偶），它拥有现场曲线实时、历史绘制功能，方便操作员更加清楚地了解到设备前期的运行趋势情况。无纸记录仪的通道输入为万能输入，针对不同的信号进行设置。

3. 无纸记录仪的接线（见图7－3－2）

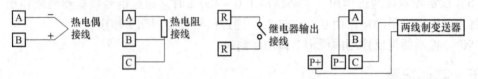

图7－3－2　无纸记录仪的接线

4. 闪光报警器接线原理（见图7－3－3）

图7－3－3　闪光报警器接线原理

## 四、实训内容和步骤

（1）组态画面（具体操作见说明书）。

① 系统组态。

② 记录组态。

③ 显示组态。

④ 通道组态。

通道1：水槽热电阻温度；通道2：水槽热电偶温度；通道3：空气罐压力；通道4：水槽液位。按设置好的通道接入相应的一次仪表。

（2）仪表功能和操作。

① 运行画面的切换。

② 实时曲线画面（见图7－3－4）：可自由组合显示曲线和曲线颜色。

③ 棒图画面（见图7－3－5）：以棒图的形式显示测量值，同时还可显示通道位号、工程单位及报警状态等信息。

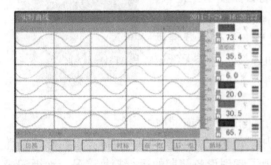

图7－3－4　实时曲线画面

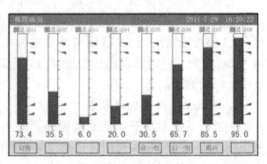

图7－3－5　棒图画面

④ 数字显示画面（见图7-3-6）：显示实时测量值，同时还可以显示通道位号、工程单位及报警状态等信息。

⑤ 历史曲线画面（见图7-3-7）：可以向前或向后查看保存在内存中的测量值曲线画面。

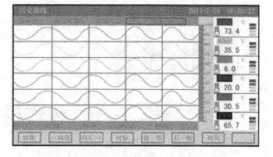

图7-3-6 数字显示画面　　　　　　　　图7-3-7 历史曲线画面

⑥ 报警列表画面（见图7-3-8）：显示最近的通道报警时间、消报时间及报警状态等信息。

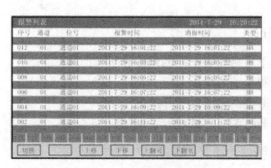

图7-3-8 报警列表画面

（3）对通道1~4进行上下限设置，并通过继电器输出接入闪光报警器。

（4）给相应设备加热、加压、加液，观察无纸记录仪、闪光报警器是否实现相应功能。

## 五、实训记录

其内容包括实训目的、实训设备及连接图、自己做实训的步骤，以及实训数据记录。

# 《压力调节系统单元实训》任务书

## 一、项目实训目的

(1) 熟悉掌握压力单回路控制系统的组成和工作原理。

(2) 熟悉单回路控制系统的投运。

(3) 熟悉掌握气动薄膜调节阀的工作原理。

(4) 熟悉掌握气动薄膜调节阀的校验、调试。

## 二、项目设计内容

项目主要通过以下两个实训进行:

**(一) 压力调节系统的组成及投运**

(1) 掌握压力单回路控制系统的组成和工作原理。

(2) 掌握单回路控制系统投运的基本步骤。

(3) 了解调节规律对系统调节的作用。

**(二) 气动薄膜调节阀的校验和调整**

(1) 掌握气动薄膜调节阀的工作原理。

(2) 掌握气动薄膜调节阀的校验。

(3) 掌握气动薄膜调节阀的调试。

(4) 掌握气动薄膜调节阀的常见故障及处理方法。

## 三、项目实训要求

(1) 提前预习实训内容:压力单回路控制系统的组成和工作原理,控制系统投运的基本步骤,气动薄膜调节阀的工作原理,调节阀的校验、调试。

(2) 按实训一、二的要求进行。

(3) 完成项目实训报告的书写。

## 四、项目实训报告要求

（1）简述压力单回路控制系统的组成和工作原理。

（2）画出单回路控制系统接线图。

（3）简述控制系统投运。

（4）简述气动薄膜调节阀的工作原理、气开气关的选择。

（5）简述调节阀的校验、调试。

（6）填写气动薄膜调节阀原始校验记录。

## 五、项目实训考核办法

（1）项目报告条理清楚、内容充实（30%）。

（2）校验原始记录、实验结果准确（20%）。

（3）考核答辩（30%）。

（4）爱护实验设备、遵守纪律、学习态度端正（20%）。

# 实训一　压力调节系统的组成及投运

## 一、实训目的

（1）掌握压力单回路控制系统的组成和工作原理。

（2）掌握单回路控制系统投运的基本步骤。

（3）了解调节规律对系统调节的作用。

## 二、实训设备

（1）EJA 压力变送器 1 台；

（2）气动薄膜调节阀 1 台；

（3）数字调节器 1 台；

（4）连接电缆若干；

（5）智能手操器 1 台；

（6）无纸记录仪 1 台。

## 三、实训原理

1. 空气罐压力定值排放控制系统的组成（见图 8 − 1 − 1）

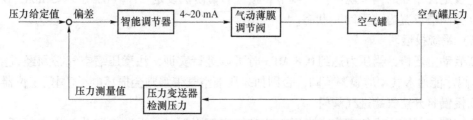

图 8 − 1 − 1　空气罐压力排放控制系统的方框图

2. 各仪表间接线图（见图 8-1-2）

这是一个单回路控制系统，它是由压力变送器、智能调节器、气动薄膜调节阀组成。通过对控制对象采用比例、比例-积分控制规律进行调节，使学生熟悉和掌握控制规律在实际调节系统中的应用。

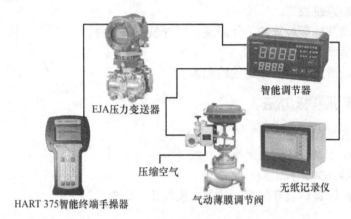

图 8-1-2 空气罐压力控制仪表连接系统

3. 控制器正、反作用的确定

① 根据生产安全要求，本装置调节阀为：气开阀。

② 气开调节阀：正作用。

被控对象：反作用；

为保证整个调节系统为负反馈回路，控制器应为正作用。

注意：如调节阀为气关，则控制器作用方式正好相反。

## 四、实训内容和步骤

（1）连接好工艺管道。

（2）按图连接好各仪表之间的接线。

（3）压力调节回路线路检查。

① 用信号发生器在压力变送器输入端输入 4~20 mA 信号，观察控制器显示，记录结果。

② 在控制器给出调节阀的调节信号，现场观察调节阀的动作，记录结果。

（4）根据实训所需的压力，用手操器给压力变送器设定量程为 0~0.1 MPa。

（5）调节器的基本参数设定。

① 将控制器作用设定为：正（反）作用（注意查看调节阀是气开还是气关）。

② 根据控制要求，给调节器设定给定值。

③ 设定控制器的调节规律：PI 调节；按经验试凑法设定：$P=80\%$，$I=5$ min，$D=0$。

④ 控制器设置为"手动"状态。

（6）系统投运。

① 启动空压机，当压力达到 0.8 MPa 时可以进行实训，注意压缩空气必须经过空气过滤减压阀才能通入气动薄膜调节阀，否则如果压缩空气带水则会损坏电/气阀门定位器。

② 慢慢打开空气罐进气阀门。

③ 观察空气罐压力的变化，当压力达到给定值附近时，手动将调节阀慢慢打开，并根

据空气罐压力的大小来调节阀门开度的大小，当空气罐压力稳定在给定值附近一段时间后，将调节器"手动"状态切换到"自动"状态。

④ 观察空气罐压力波动状况。

⑤ 如果压力有远离给定值的趋势，则慢慢减小（或加大）控制器的比例度，再观察，直到压力在给定值附近稳定为止。

⑥ 如果给定值的余差总不能消除，则适度调整积分时间的值，直到压力稳定在给定值附近。当压力最终稳定在给定值的 2% ~ 5% 范围内，且不再超出这个范围后，系统投运完成。

（7）扰动及不同控制规律对调节系统的影响。

① 扰动的加入：开大进气阀，使进入空气罐的压力的流量加大，观察空气罐的压力的变化。

② PID 参数对系统的影响。

在系统投入运行稳定后进行下列操作：

a. 改变比例度的数值，积分时间不变，观察空气罐压力的变化、调节阀开度的变化；加入扰动后，继续观察压力和调节阀的变化。

b. 改变积分时间的数值，比例度不变，观察空气罐压力的变化、调节阀开度的变化；加入扰动后，继续观察压力和调节阀的变化。

③ 改变调节器的调节规律。

在系统投入运行稳定后进行下列操作：

a. P 调节规律：比例度值不变，使积分时间 = ∞，微分时间 = 0，加入扰动观察调节系统的变化。

b. I 调节规律：比例度 = ∞，使积分时间 = 5 min，微分时间 = 0，加入扰动观察调节系统的变化。

c. PI 调节规律：比例度 = 80%，积分时间 = 5 min，微分时间 = 0，加入扰动观察调节系统的变化。

d. PD 调节规律：比例度 = 80%，积分时间 = ∞，微分时间 = 5 min，加入扰动观察调节系统的变化。

e. PID 调节规律：比例度 = 80%，积分时间 = 5 min，微分时间 = 5 min，加入扰动观察调节系统的变化。

## 五、实训记录

其内容包括实训目的、实训设备及连接图、自己做实训的步骤，以及实训数据记录。

# 实训二　气动薄膜调节阀的校验和调整

## 一、实训目的与要求

（1）掌握气动薄膜调节阀的工作原理。

(2) 掌握气动薄膜调节阀的校验。

(3) 掌握气动薄膜调节阀的调试。

(4) 掌握气动薄膜调节阀的常见故障及处理方法。

## 二、实训设备

(1) 配电/气阀门定位器的气动薄膜调节阀 ZMAP－16K 一台；

(2) 压力 500 kPa 的气源；

(3) VICTOR05 回路校准器。

## 三、实训原理

(1) 气动薄膜调节阀的校验。

① 外观。零部件齐全，装配正确，紧固件不得有松动、损伤等现象，整体整洁。

② 气源压力。最大值为 500 kPa，额定值为 250 kPa。

③ 输入信号范围。标准压力信号范围为 20～100 kPa；电/气阀门定位器，标准输入信号为 4～20 mA DC。

④ 执行机构室的密封性。将产品说明书上规定的额定压力的气源通入封闭气室中，切断气源，5 min 内薄膜气室中的压力下降不能超过 2.5 kPa。

⑤ 耐压强度。调节阀应以 1.5 倍公称压力进行不少于 3 min 的耐压试验，不应有肉眼可见的渗漏。

⑥ 填料函及其他连接处的密封性。应保证在 1.1 倍公称压力下无渗漏。

⑦ 泄漏量。调节阀在规定试验条件下的泄漏量应符合产品说明书规定的要求。

(2) 配电/气阀门定位器的校验。

## 四、实训内容和步骤

1. 外观检查

目测观察调节阀外观。

2. 执行机构气室的密封性试验

将额定压力（一般为 140 kPa）的气源输入薄膜气室中，切断气源，观察薄膜气室的压力。

3. 耐压强度试验

用 1.5 倍公称压力的水，在调节阀的入口处输入阀内，调节阀的出口端封闭，使所有在运行中受压的阀腔同时承受 5 min 的实训压力，试验期间调节阀应处于全开位置。观察调节阀阀体是否有泄漏现象。

4. 填料函及其他连接处的密封性试验

用 1.1 倍公称压力的水，在调节阀的入口处输入阀内，调节阀的出口端封闭，给调节阀输入信号，使阀杆做 1～3 次往复动作，持续时间应少于 5 min，观察调节阀的填料函及上、下阀盖与阀体的连接处是否有水泄漏。

5. 泄漏量试验

按作用方式，使调节阀关闭。将水以恒定压力输入调节阀入口，另一端放空，用秒表和量杯测量其 1 min 的泄露量。

6. 气动薄膜调节阀的调试及调整

（1）始点、终点调试。

用信号发生器输入 4 mA 的信号给电/气阀门定位器，对于气开式调节阀，观察调节阀是否为关，对于气关式调节阀，观察调节阀是否为开，检查执行机构刻度是否指示为 0，若始点偏差超过规定值，可调节执行机构的调节弹簧的松紧程度；将信号增加至 20 mA，对于气开式调节阀，观察调节阀是否为全开，对于气关式调节阀，观察调节阀是否为全关。检查执行机构刻度是否指示为 100%。

（2）起点偏差的调整。

当输入压力信号大于 20 kPa，阀杆仍未发生移动时，说明执行器的平衡弹簧过紧，应反时针转动调节件，以放松平衡弹簧的初始应力。反之，当输入压力信号 < 20 kPa，阀杆即发生移动，则说明执行器的平衡弹簧的预紧力过小，应顺时针转动调节件，使弹簧的预紧力增加，反复调整直至合格为止。

（3）终点偏差的调整。

如果输入压力信号 < 100 kPa，阀杆就不再随信号的增加而移动，说明执行器的阀杆及其连接件太长，可通过调整阀杆与连杆的连接螺母以缩短其长度；如果输入压力信号 = 100 kPa 时，再增加压力信号阀杆仍继续移动且超过允许误差，说明执行器的阀杆及其连接件过短，应调整连接螺母以增加其长度，反复调整直至合格为止。

（4）非线性偏差。

将整个输入压力信号范围分为 4 等份，按 0%、25%、50%、75%、100% 逐点输入相应的信号，在阀杆升降过程中，逐个记录下每次增加压力信号时执行器对应的开度位移，将实际压力 – 位移关系与理论关系进行比较，非线性偏差应 ≤4%。

（5）正、反行程的测试。

用信号发生器分别给电/气阀门定位器输入全行程（4～20 mA）的 0%、25%、50%、75%、100%，记录执行机构上升和下降各点的刻度值。

7. 气动薄膜调节阀的常见故障及处理

（1）调节阀没有动作或动作迟缓。

原因：供气压力低。

检查：检查空气配管是否堵塞或泄漏；膜片紧固部分是否有空气泄漏；推杆部分是否有空气泄漏。

处理：清扫气源管或再配管；加固或更换膜片；拆卸、更换 O 形圈。

（2）调节阀动作不稳定。

原因：电/气阀门定位器故障。

检查：气源是否带有杂质；电/气阀门定位器挡板、喷嘴位置是否移动或堵塞。

处理：针对查出故障及原因进行处理。

（3）调节阀开不完或关不死。

原因：管道有杂质或调节阀阀芯磨损。

检查：配合工艺一起检查。

处理：针对查出故障及原因进行处理。

## 五、实训记录

将校验数据记录于表 8 – 2 – 1。

表 8 – 2 – 1　配电/气阀门定位器的气动薄膜调节阀原始校验记录

校验日期：　　　　　　　　　　指导老师：

校验人：　　　　　　　　　　　同组人：

被检表　　名称：　　　　　　　型号：

标准仪器　名称：　　　　　　　室温：　　　　　相对湿度：

| 输入信号 | | 执行机构 | | 误差 |
|---|---|---|---|---|
| | | 上行程 | 下行程 | |
| 0% | 4 mA | | | |
| 25% | 8 mA | | | |
| 50% | 12 mA | | | |
| 75% | 16 mA | | | |
| 100% | 20 mA | | | |
| | | | | |
| | | | | |

外观＿＿＿＿＿＿＿＿＿＿；基本误差：允许值＿＿＿＿＿＿＿＿＿＿＿，实际最大误差＿＿＿＿＿＿＿＿＿＿；
耐压强度＿＿＿＿＿＿＿＿＿＿＿；密封性＿＿＿＿＿＿＿＿＿＿。

教师考评：

# 项目九

# 《手操器单元实训》任务书

## 一、项目实训目的

学习 HART 375 智能终端手操器的正确使用。

## 二、项目设计内容

(1) 学习 HART 375 智能终端手操器的正确使用。

(2) 能够用 HART 375 智能终端手操器对变送器进行量程的设置。

## 三、项目实训要求

(1) 提前预习实训内容，熟悉 SIC – H375 HART 375 智能终端手操器面板、各键功能、对变送器量程设置的基本步骤。

(2) 按实训的要求进行。

(3) 完成项目实训报告的书写。

## 四、项目实训报告要求

(1) 简述 SIC – H375 HART 375 智能终端手操器面板布置。

(2) 简述 SIC – H375 HART 375 智能终端手操器面板各键的功能。

(3) 简述对 EJA 压力变送器量程设置的基本步骤。

## 五、项目实训考核办法

(1) 项目报告条理清楚、内容充实（30%）。

(2) 校验原始记录、实验结果准确（20%）。

(3) 考核答辩（30%）。

(4) 爱护实验设备、遵守纪律、学习态度端正（20%）。

# 实训  SIC – H375 HART 375 智能终端手操器的使用

## 一、实训目的

（1）学习 HART 375 智能终端手操器的正确使用。
（2）能够用 HART 375 智能终端手操器对变送器进行量程的设置。

图 9 – 1 – 1   SIC – H375
HART 375 手操器

## 二、实训设备

（1）SIC – H375  HART 375 智能终端手操器；
（2）EJA530 智能压力变送器。

## 三、实训原理

EJA530 智能压力变送器与 SIC – H375 HART 375 手操器的接线：现场可接在表的电源端子处，控制室可接在信号端子处，回路电阻应保证在 250 ~ 1 000 Ω 的范围内。

SIC – H375 HART 手操器如图 9 – 1 – 1 所示。

### （一）SIC – H375 HART 375 手操器与压力变送器接线

SIC – H375 HART 375 手操器与压力变送器的连接如图 9 – 1 – 2 所示。

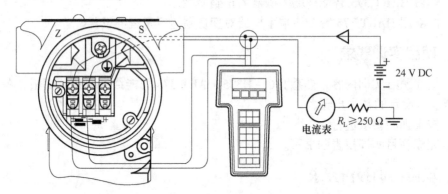

图 9 – 1 – 2   SIC – H375 HART 375 手操器与压力变送器连接图

### （二）键盘功能

"开/关"键：位于按键区右下角。

"退出"键：用来实现退出屏幕所列功能。

"修改"键：按下此键可以进入参数修改状态。

"PV"键：按工程单位显示变送器最新过程压力值和输出电流值，约每两秒钟刷新一次。

"Enter"键：具有继续和确认功能。

"↑"键：移动光标及目前所显示参数（可选择）的前一项。

"↓"键：移动光标及目前所显示参数（可选择）的后一项。

"←"键：输入参数时，光标左移一位（相当于删除）；输入日期时减5；组态及压力格式化菜单里实现向前翻页。

"→"键：输入参数时，光标右移一位；输入日期时加5；组态及压力格式化菜单里实现向后翻页。

字符数字键：当更新变送器参数时，字符数字键用来将信息输入通信接口。若只按键本身，则输入的是印刷在键中间的数字值。当要输入字符时，应先按键盘上"左""中""右"，然后再按字母键。

### （三）常用功能

1. 监视变量

在线状态时，选择第一项"Process Variables"并按右箭头键，进入监视变量功能。

离线状态时，按1 Online（在线）→1 Process variables（监视变量）。

2. 设定主变量单位

在线状态：4 Detailed setup（详细设置）→2 Signal condition（信号条件）→ 1 Unit（主变量单位）。

3. 设定量程上限

在线状态：4 Detailed setup（详细设置）→2 Signal condition（信号条件）→ 1 PV URV（量程上限）。

4. 设定量程下限

在线状态：4 Detailed setup（详细设置）→2 Signal condition（信号条件）→ 1 PV ULV（量程下限）。

## 四、实训内容和步骤

### （一）自检

（1）SIC－H375 HART 375 手操器与压力变送器按图9－1－2接线。

（2）按下接口的"开/关"键，自检。通信接口开始查寻变送器，如果找到显示：

```
┌─────────────────────────┐
│ YYYY 变送器              │
│ 工位号 = × × × × × × × × │
│                         │
│ 按 Enter 键继续          │
└─────────────────────────┘
```

按"Enter"键则进入主菜单。在此菜单下按"修改"键弹出一菜单，然后用"←"和"↑"键修改第一位数，用"→"和"↓"键修改第二位数，这两位数的范围均为0，1，2，3，4，5，6，7，8，9，A，B，C，D，E，F。

按"1"进入测试。

```
┌─────────────────────────┐
│ 请选择功能 ［1］          │
│ 1. 测试  2. 组态         │
│ 3. 格式化                │
│ 按 Enter 键继续          │
└─────────────────────────┘
```

**(二) 测试**

测试功能包括变送器测试和回路测试，其目的是验证变送器、接口和回路是否工作正常。在主菜里按"1"和"Enter"键即进入如下界面：

```
测试功能
 • 变送器测试
   回路测试
   退出    继续
```

移动光标到所选项，然后按"Enter"键。按"退出"键时返回主菜单。

回路测试时，回路应设为手动。当回路切到手动后按"Enter"键：

```
输入电流值
[××.×××] mA

按 Enter 键继续
```

按"Enter"键，退出回路测试，返回测试功能主菜单，变送器的输出恢复正常。

按"2"进入组态。

**(三) 基本仪表组态或设定**

组态是指对决定变送器如何工作的那些参数进行设定。在主菜里按"2"和"Enter"键即进入组态功能界面：

```
组态功能
 • 与输出有关参数
   与输出无关参数
   退出    继续
```

移动光标到所选项，然后按"Enter"键。按"退出"键时返回主菜单。

1. 与输出有关的参数

显示单位、4 和 20 mA 设定点（调量程）、线性或开方输出、阻尼。

2. 与输出无关的参数

工位号、描述符、日期、信息等。

改变与输出有关的参数，其步骤如下：

(1) 选择显示单位：

```
请选择工程单位
[××××××  ]

按 Enter 键继续
```

选（1）则显示 MPa 单位。

按"Enter"键进入零点量程调整。

（2）修改变送器测量范围：

```
零点和量程值
S = × × × . × × 单位
Z = × × × . × × 单位
继续    修改
```

常用的一项组态修改就是调整变送器 4 和 20 mA 设定值。如用接口修改量程，则按"修改"键（按"Enter"和"→"进入下一项，"←"进入上一项，下同）。提示如下：

```
修改零点和量程值
用键盘输入
用标准源设置
按 Enter 键继续
```

① 采用键盘调量程。

按"Enter"键，显示 0：

```
零点（量程）压力值
[× × × . × ×] 单位

继续    修改
```

按"Enter"键，所显示参数不变；按"修改"键，画面提示用字母键在括号内输入需要值：

```
输入零点（量程）压力值
[× × × . × ×] 单位

按 Enter 键继续
```

用"←"键可以向左移动光标纠正写错的数字。

② 用标准输入源调量程：

```
读零点（量程）压力值
[× × × . × ×] 单位

修改    退出
```

按"退出"键，零点（量程）不改变；按"修改"键，零点（量程）将被改变为新的数值（当零点改变时，量程会随着平移）。零点和量程修改完毕后自动进入输出形式菜单。

**（四）校准**

进入主菜单：

```
1  主变量调零
2  上限校准
3  下限校准
4  传感器校准
```

**1. 施加压力校准**

施加的低端参考压力，变送器输出为 4 mA，施加的高端压力，变送器输出为 20 mA。在微调功能菜单里选择输出微调：

```
输出微调
4 mA 微调
20 mA 微调
继续    退出
```

选 4 mA 点，按"Enter"键：

```
施加新的 4 mA 输入
压力

继续    退出
```

```
现在施加的压力为      kPa
1. 把当前压力设置为 4 mA
2. 读取新的压力值
3. 不改变原设置
继续    退出
```

```
1. 4 mA
2. 20 mA
继续    退出
```

选择"1"，变送器以当前所施加压力作为零点，输出为 4 mA，自动返回上一级菜单。20 mA 微调操作与上述相同。

**2. 电流校准**

保证变送器的模拟电流准确，即变送器读数为 0（或 4 mA）时，保证输出电流为 4 mA，变送器读数为 100%（或 20 mA）时，保证输出电流为 20 mA。

以 4 mA 电流校准为例，其校准步骤如下：

① 在线→2 诊断/服务→3 校准 →2D/A（回路应从自动控制系统中移开）。

② 接入标准电流或电压表。

③ 设置变送器输出是否为 4 mA。

④ 进入 4 mA 校准（用数字键输入参考表的电流值，确认）。

⑤ 变送器输出是否为 4 mA。

（与参考表电流值进行比较，若是，选择"Yes"，不是则选择"No"。重复上述步骤）。

# 附录1 常用压力表的规格及型号

| 名称 | 型号 | 测量范围/MPa | 精度等级 |
|------|------|-------------|---------|
| 弹簧管压力表 | Y－60 | $-0.1\sim0$，$0\sim0.1$，$0\sim0.16$，$0\sim0.25$，$0\sim0.4$，$0\sim0.6$，$0\sim1.0$，$0\sim1.6$，$0\sim2.5$，$0\sim4$，$0\sim6$ | 2.5 |
| | Y－60T | | |
| | Y－60Z | | |
| | Y－60ZQ | | |
| | Y－100 | $-0.1\sim0$，$-0.1\sim0.06$，$-0.1\sim0.15$，$-0.1\sim0.3$，$-0.1\sim0.5$，$-0.1\sim0.9$，$-0.1\sim1.5$，$-0.1\sim2.4$，$0\sim0.1$，$0\sim0.16$，$0\sim0.25$，$0\sim0.4$，$0\sim0.6$，$0\sim1.0$，$0\sim1.6$，$0\sim2.5$，$0\sim4$，$0\sim6$ | 1.5 |
| | Y－100T | | |
| | Y－100TQ | | |
| | Y－150 | | |
| | Y－150T | | |
| | Y－150TQ | | |
| | Y－100 | $0\sim10$，$0\sim16$，$0\sim25$，$0\sim40$，$0\sim60$ | |
| | Y－100T | | |
| | Y－100TQ | | |
| | Y－150 | | |
| | Y－150T | | |
| | Y－150TQ | | |
| 电接点压力表 | YX－150 | $-0.1\sim0.1$，$-0.1\sim0.15$，$-0.1\sim0.3$，$-0.1\sim0.5$，$-0.1\sim0.9$，$-0.1\sim1.5$，$-0.1\sim2.4$，$0\sim0.1$，$0\sim0.16$，$0\sim0.25$，$0\sim0.4$，$0\sim0.6$，$0\sim1.0$，$0\sim1.6$，$0\sim2.5$，$0\sim4$，$0\sim6$ | 0.5 |
| | YX－150TQ | | |
| | YX－150A | $0\sim10$，$0\sim16$，$0\sim25$，$0\sim40$，$0\sim60$ | |
| 活塞式压力表 | YS－2.5 | $-0.1\sim0.25$ | 0.02 0.05 |
| | YS－6 | $0.04\sim0.6$ | |
| | YS－60 | $0.1\sim6$ | |
| | YS－600 | $1\sim6$ | |

# 附录2 常用工业用热电偶分度表

镍铬－铜镍（康铜）热电偶分度表（分度号：E）

（参比端温度为0℃）

| 温度 /℃ | 0 | 10 | 20 | 30 | 40 | 50 | 60 | 70 | 80 | 90 |
|---|---|---|---|---|---|---|---|---|---|---|
| | 热电动势/mV | | | | | | | | | |
| 0 | 0.000 | 0.591 | 1.192 | 1.801 | 2.419 | 3.047 | 3.683 | 4.329 | 4.983 | 5.646 |
| 100 | 6.317 | 6.996 | 7.683 | 8.377 | 9.078 | 9.787 | 10.501 | 11.222 | 11.949 | 12.681 |
| 200 | 13.419 | 14.161 | 14.909 | 15.661 | 16.417 | 17.178 | 17.942 | 18.710 | 19.481 | 20.256 |
| 300 | 21.033 | 21.814 | 22.597 | 23.383 | 24.171 | 24.961 | 25.754 | 26.549 | 27.345 | 28.143 |
| 400 | 28.943 | 29.744 | 30.546 | 31.350 | 32.155 | 32.960 | 33.767 | 34.574 | 35.382 | 36.190 |
| 500 | 36.999 | 37.808 | 38.617 | 39.426 | 40.236 | 41.045 | 41.853 | 42.662 | 43.470 | 44.278 |
| 600 | 45.085 | 45.891 | 46.697 | 47.502 | 48.306 | 49.109 | 49.911 | 50.713 | 51.513 | 52.312 |
| 700 | 53.110 | 53.907 | 54.703 | 55.498 | 56.291 | 57.083 | 57.873 | 58.663 | 59.451 | 60.237 |
| 800 | 61.022 | 61.806 | 62.588 | 63.368 | 64.147 | 64.924 | 65.700 | 66.473 | 67.245 | 68.015 |
| 900 | 68.783 | 69.549 | 70.313 | 71.075 | 71.835 | 72.593 | 73.350 | 74.104 | 74.857 | 75.608 |
| 1 000 | 76.358 | — | — | — | — | — | — | — | — | — |

**镍铬－镍硅热电偶分度表（分度号：K）**

**（参比端温度为 0 ℃）**

| 温度/℃ | 0 | 10 | 20 | 30 | 40 | 50 | 60 | 70 | 80 | 90 |
|---|---|---|---|---|---|---|---|---|---|---|
| | 热电动势/mV | | | | | | | | | |
| 0 | 0.000 | 0.397 | 0.798 | 1.203 | 1.611 | 2.022 | 2.436 | 2.850 | 3.266 | 3.681 |
| 100 | 4.095 | 4.508 | 4.919 | 5.327 | 5.733 | 6.137 | 6.539 | 6.939 | 7.338 | 7.737 |
| 200 | 8.137 | 8.537 | 8.938 | 9.341 | 9.745 | 10.151 | 10.560 | 10.969 | 11.381 | 11.793 |
| 300 | 12.207 | 12.623 | 13.039 | 13.456 | 13.874 | 14.292 | 14.712 | 15.132 | 15.552 | 15.974 |
| 400 | 16.395 | 16.818 | 17.241 | 17.664 | 18.088 | 18.513 | 18.938 | 19.363 | 19.788 | 20.214 |
| 500 | 20.640 | 21.066 | 21.493 | 21.919 | 22.346 | 22.772 | 23.198 | 23.624 | 24.050 | 24.476 |
| 600 | 24.902 | 25.327 | 25.751 | 26.176 | 26.599 | 27.022 | 27.445 | 27.867 | 28.288 | 28.709 |
| 700 | 29.128 | 29.547 | 29.965 | 30.383 | 30.799 | 31.214 | 31.214 | 32.042 | 32.455 | 32.866 |
| 800 | 33.277 | 33.686 | 34.095 | 34.502 | 34.909 | 35.314 | 35.718 | 36.121 | 36.524 | 36.925 |
| 900 | 37.325 | 37.724 | 38.122 | 38.915 | 38.915 | 39.310 | 39.703 | 40.096 | 40.488 | 40.879 |
| 1 000 | 41.269 | 41.657 | 42.045 | 42.432 | 42.817 | 43.202 | 43.585 | 43.968 | 44.349 | 44.729 |
| 1 100 | 45.108 | 45.486 | 45.863 | 46.238 | 46.612 | 46.985 | 47.356 | 47.726 | 48.095 | 48.462 |
| 1 200 | 48.828 | 49.192 | 49.555 | 49.916 | 50.276 | 50.633 | 50.990 | 51.344 | 51.697 | 52.049 |
| 1 300 | 52.398 | 52.747 | 53.093 | 53.439 | 53.782 | 54.125 | 54.466 | 54.807 | — | — |

### 铂铑10－铂热电偶分度表（分度号：S）
### （参比端温度为0 ℃）

| 温度/℃ | 0 | 10 | 20 | 30 | 40 | 50 | 60 | 70 | 80 | 90 |
|---|---|---|---|---|---|---|---|---|---|---|
| | 热电动势/mV | | | | | | | | | |
| 0 | 0.000 | 0.055 | 0.113 | 0.173 | 0.235 | 0.299 | 0.365 | 0.432 | 0.502 | 0.573 |
| 100 | 0.645 | 0.719 | 0.795 | 0.872 | 0.950 | 1.029 | 1.109 | 1.190 | 1.273 | 1.356 |
| 200 | 1.440 | 1.525 | 1.611 | 1.698 | 1.785 | 1.873 | 1.962 | 2.051 | 2.141 | 2.232 |
| 300 | 2.323 | 2.414 | 2.506 | 2.599 | 2.692 | 2.786 | 2.880 | 2.974 | 3.069 | 3.164 |
| 400 | 3.260 | 3.356 | 3.452 | 3.549 | 3.645 | 3.743 | 3.840 | 3.938 | 4.036 | 4.135 |
| 500 | 4.234 | 4.333 | 4.432 | 4.532 | 4.632 | 4.732 | 4.832 | 4.933 | 5.034 | 5.136 |
| 600 | 5.237 | 5.339 | 5.442 | 5.544 | 5.648 | 5.751 | 5.855 | 5.960 | 6.065 | 6.169 |
| 700 | 6.274 | 6.380 | 6.486 | 6.592 | 6.699 | 6.805 | 6.913 | 7.020 | 7.128 | 7.236 |
| 800 | 7.345 | 7.454 | 7.563 | 7.672 | 7.782 | 7.892 | 8.003 | 8.114 | 8.255 | 8.336 |
| 900 | 8.448 | 8.560 | 8.673 | 8.786 | 8.899 | 9.012 | 9.126 | 9.240 | 9.355 | 9.470 |
| 1 000 | 9.585 | 9.700 | 9.816 | 9.932 | 10.048 | 10.165 | 10.282 | 10.400 | 10.517 | 10.635 |
| 1 100 | 10.754 | 10.872 | 10.991 | 11.110 | 11.229 | 11.348 | 11.467 | 11.587 | 11.707 | 11.827 |
| 1 200 | 11.947 | 12.067 | 12.188 | 12.308 | 12.429 | 12.550 | 12.671 | 12.792 | 12.912 | 13.034 |
| 1 300 | 13.155 | 13.397 | 13.397 | 13.519 | 13.640 | 13.761 | 13.883 | 14.004 | 14.125 | 14.247 |
| 1 400 | 14.368 | 14.610 | 14.610 | 14.731 | 14.852 | 14.973 | 15.094 | 15.215 | 15.336 | 15.456 |
| 1 500 | 15.576 | 15.697 | 15.817 | 15.937 | 16.057 | 16.176 | 16.296 | 16.415 | 16.534 | 16.653 |
| 1 600 | 16.771 | 16.890 | 17.008 | 17.125 | 17.243 | 17.360 | 17.477 | 17.594 | 17.711 | 17.826 |
| 1 700 | 17.942 | 18.056 | 18.170 | 18.282 | 18.394 | 18.504 | 18.612 | — | — | — |

### 铂铑 30 – 铂铑 6 热电偶分度表（分度号：B）
### （参比端温度为 0 ℃）

| 温度/℃ | 0 | 10 | 20 | 30 | 40 | 50 | 60 | 70 | 80 | 90 |
|---|---|---|---|---|---|---|---|---|---|---|
| | 热电动势/mV | | | | | | | | | |
| 0 | − 0.000 | − 0.002 | − 0.003 | 0.002 | 0.000 | 0.002 | 0.006 | 0.11 | 0.017 | 0.025 |
| 100 | 0.033 | 0.043 | 0.053 | 0.065 | 0.078 | 0.092 | 0.107 | 0.123 | 0.140 | 0.159 |
| 200 | 0.178 | 0.199 | 0.220 | 0.243 | 0.266 | 0.291 | 0.317 | 0.344 | 0.372 | 0.401 |
| 300 | 0.431 | 0.462 | 0.494 | 0.527 | 0.516 | 0.596 | 0.632 | 0.669 | 0.707 | 0.746 |
| 400 | 0.786 | 0.827 | 0.870 | 0.913 | 0.957 | 1.002 | 1.048 | 1.095 | 1.143 | 1.192 |
| 500 | 1.241 | 1.292 | 1.344 | 1.397 | 1.450 | 1.505 | 1.560 | 1.617 | 1.674 | 1.732 |
| 600 | 1.791 | 1.851 | 1.912 | 1.974 | 2.036 | 2.100 | 2.164 | 2.230 | 2.296 | 2.363 |
| 700 | 2.430 | 2.499 | 2.569 | 2.639 | 2.710 | 2.782 | 2.855 | 2.928 | 3.003 | 3.078 |
| 800 | 3.154 | 3.231 | 3.308 | 3.387 | 3.466 | 3.546 | 2.626 | 3.708 | 3.790 | 3.873 |
| 900 | 3.957 | 4.041 | 4.126 | 4.212 | 4.298 | 4.386 | 4.474 | 4.562 | 4.652 | 4.742 |
| 1 000 | 4.833 | 4.924 | 5.016 | 5.109 | 5.202 | 5.2997 | 5.391 | 5.487 | 5.583 | 5.680 |
| 1 100 | 5.777 | 5.875 | 5.973 | 6.073 | 6.172 | 6.273 | 6.374 | 6.475 | 6.577 | 6.680 |
| 1 200 | 6.783 | 6.887 | 6.991 | 7.096 | 7.202 | 7.038 | 7.414 | 7.521 | 7.628 | 7.736 |
| 1 300 | 7.845 | 7.953 | 8.063 | 8.172 | 8.283 | 8, 393 | 8.504 | 8.616 | 8.727 | 8.839 |
| 1 400 | 8.952 | 9.065 | 9.178 | 9.291 | 9.405 | 9.519 | 9.634 | 9.748 | 9.863 | 9.979 |
| 1 500 | 10.094 | 10.210 | 10.325 | 10.441 | 10.588 | 10.674 | 10.790 | 10.907 | 11.024 | 11.141 |
| 1 600 | 11.257 | 11.374 | 11.491 | 11.608 | 11.725 | 11.842 | 11.959 | 12.076 | 12.193 | 12.310 |
| 1 700 | 12.426 | 12.543 | 12.659 | 12.776 | 12.892 | 13.008 | 13.124 | 13.239 | 13.354 | 13.470 |
| 1 800 | 13.585 | 13.699 | 13.814 | — | — | — | — | — | — | — |

### 铜－铜镍（康铜）热电偶分度表（分度号：T）
### （参比端温度为0℃）

| 温度/℃ | 0 | 10 | 20 | 30 | 40 | 50 | 60 | 70 | 80 | 90 |
|---|---|---|---|---|---|---|---|---|---|---|
| | 热电动势/mV | | | | | | | | | |
| −200 | −5.603 | — | — | — | — | — | — | — | — | — |
| −100 | −3.378 | −3.378 | −3.923 | −4.177 | −4.419 | −4.648 | −4.865 | −5.069 | −5.261 | −5.439 |
| 0 | 0.000 | 0.383 | −0.757 | −1.121 | −1.475 | −1.819 | −2.152 | −2.475 | −2.788 | −3.089 |
| 0 | 0.000 | 0.391 | 0.789 | 1.196 | 1.611 | 2.035 | 2.467 | 2.980 | 3.357 | 3.813 |
| 100 | 4.277 | 4.749 | 5.227 | 5.712 | 6.204 | 6.702 | 7.207 | 7.718 | 8.235 | 8.757 |
| 200 | 9.268 | 9.820 | 10.360 | 10.905 | 11.456 | 12.011 | 12.572 | 13.137 | 13.707 | 14.281 |
| 300 | 14.860 | 15.443 | 16.030 | 16.621 | 17.217 | 17.816 | 18.420 | 19.027 | 19.638 | 20.252 |
| 400 | 20.869 | — | — | — | — | — | — | — | — | — |

铁－铜镍（康铜）热电偶分度表（分度号：J）

（参比端温度为 0 ℃）

| 温度/℃ | 0 | 10 | 20 | 30 | 40 | 50 | 60 | 70 | 80 | 90 |
|---|---|---|---|---|---|---|---|---|---|---|
| | 热电动势/mV | | | | | | | | | |
| 0 | 0.000 | 0.507 | 1.019 | 1.536 | 2.058 | 2.585 | 3.115 | 3.649 | 4.186 | 4.725 |
| 100 | 5.268 | 5.812 | 6.359 | 6.907 | 7.457 | 8.008 | 8.560 | 9.113 | 9667 | 10.222 |
| 200 | 10.777 | 11.332 | 11.887 | 12.442 | 12.998 | 13.553 | 14.108 | 14.663 | 15.217 | 15.771 |
| 300 | 16.325 | 16.879 | 17.432 | 17.984 | 18.537 | 19.089 | 19.640 | 20.192 | 20.743 | 21.295 |
| 400 | 21.846 | 22.397 | 22.949 | 23.501 | 24.054 | 24.607 | 25.161 | 25.716 | 26.272 | 26.829 |
| 500 | 27.388 | 27.949 | 28.511 | 29.075 | 29.642 | 30.210 | 30.782 | 31.356 | 31.933 | 32.513 |
| 600 | 33.096 | 33.683 | 34.273 | 34.867 | 35.464 | 36.066 | 36.671 | 37.280 | 37.893 | 38.510 |
| 700 | 39.130 | 39.754 | 40.382 | 41.013 | 41.647 | 42.288 | 42.922 | 43.563 | 44.207 | 44.852 |
| 800 | 45.498 | 46.144 | 46.790 | 47.434 | 48.076 | 48.716 | 49.354 | 49.989 | 50.621 | 51.249 |
| 900 | 51.875 | 52.496 | 53.115 | 53.729 | 54.341 | 54.948 | 55.553 | 56.155 | 56.753 | 57.349 |
| 1 000 | 57.942 | 58.533 | 59.121 | 59.708 | 60.293 | 60.876 | 61.459 | 62.039 | 62.619 | 63.199 |
| 1 100 | 63.777 | 64.355 | 64.933 | 65.510 | 66.087 | 66.664 | 67.240 | 67.815 | 68.390 | 68.964 |
| 1 200 | 69.536 | — | — | — | — | — | — | — | — | — |

# 参考文献

［1］孙洪程．过程控制工程设计［M］．北京：化学工业出版社，2003．

［2］李新光．过程检测技术［M］．北京：机械工业出版社，2004．

［3］王爱广．过程控制技术［M］．北京：化学工业出版社，2005．

［4］柏逢明．过程检测及仪表技术［M］．北京：国防工业出版社，2010．

［5］丁炜．过程检测及仪表［M］．北京：北京理工大学出版社，2010．